Faserforschung und Textiltechnik

Zeitschrift für Polymerforschung

Begründet von
Erich Correns und Walter Frenzel

Herausgegeben von
Wolfgang Bobeth · Hermann Klare
Burkart Philipp · Christian Ruscher

Schriftleiter
J. Brämer und I. Ruscher

AUS DEM INHALT

Akademie-Verlag
Berlin

12 · 1974

Faserforsch. u. Textiltechnik / Z. Polymerforsch.
25. Jahrg. · Heft 12 · Seiten 521 – 560 · Berlin, im Dezember 1974
FSTXA7 25 (12) 521 – 560 (1974)
Preis: 15,– M · Sonderpreis DDR: 9,– M

Ein uralter Gedanke...

Flechten, die älteste Technik des Verbindens von Fasern, Faserbündeln oder Fäden zu textilen Flächengebilden. Bereits im 3. Jahrtausend vor unserer Zeitrechnung bekannt, war es Vorbild für die Entwicklung des Webens. Moderne Verfahren wie das Stricken, Wirken oder das Nähwirkverfahren kennzeichnen die moderne Textiltechnik.

Doch der uralte Gedanke des Flechtens, Verbindens und Vereinigens ist heute ein Symbol des Fortschritts — ist Inhalt des Symbols der Vereinigung Volkseigener Betriebe Textilmaschinenbau.

30 000 Beschäftigte — Arbeiter, Techniker und Wissenschaftler konzentrieren Wissen und Kraft unter diesem Symbol und dem Zeichen TEXTIMA.

Mehr als 130 komplette Textil-Anlagen und tausende Einzelmaschinen mit dem Zeichen TEXTIMA sprechen in vielen Ländern für die Leistungsfähigkeit des Textilmaschinenbaues der DDR.

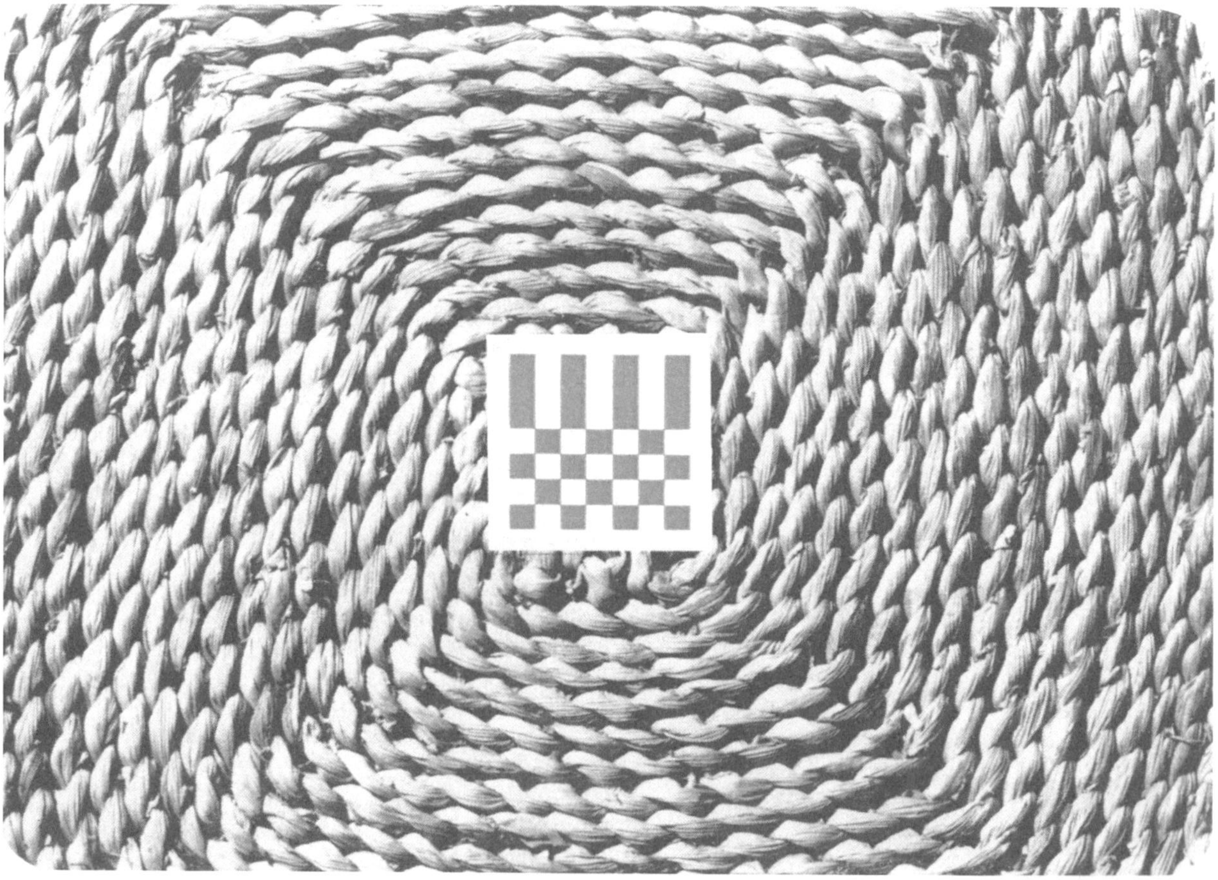

Exporteur:

UNITECHNA
Außenhandelsgesellschaft m. b. H.
DDR-108 Berlin, Mohrenstr. 53/54
Deutsche Demokratische Republik

TEXTIMA

VEREINIGUNG
VOLKSEIGENER BETRIEBE
TEXTILMASCHINENBAU
DDR-901 KARL-MARX-STADT

Faserforschung und Textiltechnik

Zeitschrift für Polymerforschung

Die Zeitschrift „Faserforschung und Textiltechnik/Z. f. Polymerforschung" erscheint monatlich in Heften zu 48 Textseiten im Format A 4. Der Preis für das Einzelheft beträgt M 15,— (Sonderpreis für DDR M 9,—), für den Vierteljahrbezug M 45,— (Sonderpreis für DDR M 27,—), zuzügl. Bestellgeld. Die Berechnung erfolgt zu Beginn eines Vierteljahrs für 3 Hefte. Falls keine Bezugsmöglichkeit durch eine Buchhandlung vorhanden ist, wenden Sie sich bitte in der Deutschen Demokratischen Republik an ein Postamt oder den Verlag, in den sozialistischen Ländern an den jeweiligen Postzeitungsvertrieb, in der Bundesrepublik Deutschland an die Auslieferungsstelle Kunst und Wissen, Erich Bieber, 7 Stuttgart 1, Wilhelmstraße 4—6, in allen übrigen Ländern an den internationalen Buch- und Zeitschriftenhandel oder den Buchexport, Volkseigener Außenhandelsbetrieb der Deutschen Demokratischen Republik, DDR-701 Leipzig, Postschließfach 276, oder den Akademie-Verlag, DDR-108 Berlin, Leipziger Str. 3—4 (Fernruf: 220441; Telex-Nr. 0112020; Postscheckkonto 35021). Bestellnummer dieses Heftes: 1014/25/12. Alleinige Anzeigenannahme DEWAG-WERBUNG, DDR-1054 Berlin, Wilhelm-Pieck-Str. 49, und alle DEWAG-Betriebe in den Bezirksstädten der DDR.

Herausgeber und verantwortlich für den Inhalt: Prof. Dr.-Ing. habil. Wolfgang Bobeth, Institut für Technologie der Fasern der Akademie der Wissenschaften der DDR, 801 Dresden, Hohe Str. 6, Fernruf: 46580, Prof. Dr. Hermann Klare, Prof. Dr. habil. Burkart Philipp und Prof. Dr. habil. Christian Ruscher, Institut für Polymerenchemie der Akademie der Wissenschaften der DDR, 153 Teltow-Seehof, Fernruf: Teltow 4831. Schriftleiter: Joachim Brämer und Dipl.-Chem. Ingeborg Ruscher, 153 Teltow-Seehof, Kantstr. 55. Verlag: Akademie-Verlag, DDR-108 Berlin, Leipziger Str. 3—4. Satz und Druck: VEB Druckhaus „Maxim Gorki", 74 Altenburg. — Veröffentlicht unter der Lizenznummer 1280 des Presseamtes beim Vorsitzenden des Ministerrates der Deutschen Demokratischen Republik. — Printed in the German Democratic Republic.

Manuskriptsendungen sind an einen der Herausgeber oder die Schriftleitung zu richten. Für Inhalt und Form gelten die „Richtlinien für die Annahme und Abfassung von Beiträgen", erhältlich von der Schriftleitung. Die Verfasser größerer wissenschaftlicher Arbeiten erhalten außer dem Honorar ein Heft und 50 Sonderdrucke ihrer Arbeit unentgeltlich.

Band 25 • Dezember 1974 • Heft 12

DK 661.728.3:661.728.8:543.241:542.94/.95:543.888

Dautzenberg, Horst, und *Philipp, Burkart*

Zur Analytik ionischer Gruppen in Cellulose und Cellulosederivaten. Teil II: Vergleichende Untersuchungen an verschiedenen Derivaten mit ionischen Gruppen

Faserforsch. u. Textiltechnik/Z. Polymerforsch. **25** (1974) 12, S. 521–542. 5 Abb., 1 Tab., 6 Lit.

Es wird über die Anwendung einer zunächst für carboxylgruppenhaltige Cellulosepräparate entwickelten, im heterogenen System unter Zusatz von $BaCl_2$ arbeitenden alkalimetrischen Titrationsmethode zur Substitutionsgradbestimmung bei anderen niedrigsubstituierten anionischen Cellulosederivaten sowie – nach geeigneter Abwandlung – bei einem kationischen Derivat berichtet, wobei die Ergebnisse mit denen einer elementaranalytischen Substitutionsgradbestimmung verglichen und aus diesem Vergleich Schlußfolgerungen zur Accessibilität der ionischen Gruppen und zum Auftreten oxydativer Nebenreaktionen bei der Bildung von Sulfopropylcellulose und Cellulosesulfat abgeleitet werden.

DK 661.278.3:543.422.4:539.215:541.182

Slabina, Miroslav, Schneider, B., und *Jakeš, J.*

Einige Probleme bei der Benutzung und Auswertung von Infrarot-Spektren in der Cellulose-Analytik

Faserforsch. u. Textiltechnik/Z. Polymerforsch. **25** (1974) 12, S. 525–528, 4 Abb., 7 Lit.

Bei der Auswertung von Infrarot-Spektren von Cellulose und Holz sowie auch von anderen festen Stoffen ergeben sich bekanntlich Schwierigkeiten. Die Qualität der Spektren ist durch die Teilchengröße, d. h. durch die Homogenität der Probe, wesentlich beeinflußt. Es wurden verschiedene experimentelle Methoden der Messung von IR-Spektren gegeneinander verglichen. Dabei wurde auch eine Art der Auswertung von Spektren, die durch den Mosaik-Effekt deformiert sind, experimentell bearbeitet.

DK 676.1.062:661.728.3:677.017.22:53.082.5:53.082.52

Unger, Ernst-Wieland

Beitrag zur Entwicklung rationalisierter und automatisierter physikalischer Analysenmethoden für die direkte Bestimmung der Dimensionen von Zellstoff-Fasern

Faserforsch. u. Textiltechnik/Z. Polymerforsch. **25** (1974) 12, S. 528–536, 2 Tab., 17 Abb., 6 Lit.

Die Eigenschaften der aus Zellstoff-Fasern zu fertigenden Erzeugnisse und die weitere Verarbeitbarkeit der Zellstoffe hängen zu einem beachtlichen Teil von der geometrischen Form der Fasern und deren statistischer Häufigkeitsverteilung ab. Drei Verfahren zur schnellen Ermittlung der Faserdimensionen werden vorgestellt. Das erste Verfahren enthält die rationalisierte visuell-manuelle Auswertung des Faserbildes am Rückprojektor auf Länge der Faser, das zweite Verfahren vereinzelt die zu messenden Fasern in der konischen Kapillare und gestattet eine automatische optisch-elektronische Abtastung bei hoher Meßgeschwindigkeit am Lichtspalt. Das dritte Verfahren, z. Z. noch in Entwicklung, tastet die ebenfalls mittels konischer Kapillare vereinzelten Fasern mit einem schnell bewegten Lichtpunkt zeilenförmig ab und gestattet somit neben der Faserlänge Angaben über die projizierte Fläche und das Volumen der Fasern.

DK 678.674'524'420-416:542.921.9:539.12.044:541.24:541.15

Turska, Eligia, und *Boryniec, Stefan*

Physikalisch-chemische Probleme des strahlenchemischen Abbaues von Polyäthylenterephthalat

Faserforsch. u. Textiltechnik/Z. Polymerforsch. **25** (1974) 12, S. 536–538, 3 Abb., 12 Lit.

Polyäthylenterephthalatfolien wurden mit ^{60}Co-γ-Strahlen und mit Elektronenstrahlen bestrahlt. Die Bestrahlung erfolgte bei verschiedener Dosisleistung in Anwesenheit von Luft und im Vakuum. Auf Grund der erhaltenen Ergebnisse wurde festgestellt, daß eine lineare Abhängigkeit des Kehrwertes der viskosimetrisch ermittelten rel. Molekülmasse von der absorbierten Dosis im breiten Bereich der eingesetzten Dosen vorliegt.

DK 678.744.422:678.744.335:66.095.268:678.012:543.422.23:537.212

Roth, Hanna, Keller, Friedrich und *Fleischer, Gerald*

Über den Einfluß von elektrischen Gleichfeldern bis 110 kV/cm auf die Taxie von strahlenchemisch hergestelltem Polyvinylacetat und Polymethylmethacrylat

Faserforsch. u. Textiltechnik/Z. Polymerforsch. **25** (1974) 12, S. 539–543. 2 Abb., 5 Tab., 16 Lit.

Der Einfluß von elektrischen Gleichfeldern bis 110 kV/cm auf die Kettenstrukturparameter (Taxie, zahlenmittlere Sequenzlängen, Penultimate-Effekt-Parameter) von strahlenchemisch polymerisiertem PVAc und PMMA wurde untersucht (Meßmethode: hochauflösende magnetische Protonenresonanz). Während bei PVAc das während der Polymerisation anliegende elektrische Gleichfeld keinen Einfluß auf die Mikrostruktur der entstandenen Polymerisate hatte, war bei PMMA eine deutliche Abhängigkeit zu beobachten. Mit steigender Feldstärke nahm der syndiotaktische Anteil zu (Maximum bei ca. 30 kV/cm), und die Verteilung der sterisch unterschiedlichen Verknüpfungsarten änderte sich etwas; es trat eine geringe Tendenz zum Alternieren isotaktischer und syndiotaktischer Verknüpfungen auf.

DK 678.674'524'240:539.26:539.22:548.735.44

Ruscher, Christian, Seganow, Ilia, und *Teichgräber, Michael*

Röntgenographische Strukturuntersuchungen an Polyäthylenterephthalat

Faserforsch. u. Textiltechnik/Z. Polymerforsch. **25** (1974) 12, S. 544–551. 12 Abb., 2 Tab., 14 Lit.

Die Umordnungskinetik von PÄT-Proben aus dem glasig-amorphen Zustand und aus der Schmelze in Temperaturabhängigkeit wird beschrieben. Dabei werden zur Auswertung der Röntgenstreukurven sowohl klassische Verfahren als auch das Fourierverfahren angewendet. Während man mit dem klassischen Verfahren bereits eine gute Charakterisierung der Kinetik erhält, liefert das Fourierverfahren zusätzlich Angaben über die Anteile der unterschiedlich geordneten Bereiche sowie eine Aussage, daß die unterschiedlichen Streukurven von linienverbreiternden Einflüssen herrühren.

DK 661.728.312:677.21.08:661.728.221:676.1.022:542.938

Abou-State, M. Amine

Chemiezellstoff aus ägyptischer Bagasse
III. Druckloser Aufschluß

Faserforsch. u. Textiltechnik/Z. Polymerforsch. **25** (1974) 12, S. 552–554. 4 Tab., 5 Lit.

Zellstoffe aus der Bagasse wurden nach dem Vorhydrolyse-NaOH-Verfahren unter Atmosphärendruck hergestellt. Verglichen wurden Zellstoffe, die mit H_2SO_4 höherer Konzentration vorhydrolysiert und anschließend mit schwachem Alkali aufgeschlossen wurden, mit solchen, die mit schwacher Säure vorhydrolysiert und mit starkem Alkali erkocht wurden. Dabei konnte festgestellt werden, daß die Vorhydrolysestufe einen größeren Einfluß auf den Aufschlußgrad und die Eigenschaften des Zellstoffs ausübt. Ebenfalls verglichen wurden unter atmosphärischem und bei erhöhtem Druck erkochte Zellstoffe. Im letzteren Falle besaßen die Zellstoffe bessere chemische Eigenschaften, während im ersteren Falle die Ausbeute und die Reaktionsfähigkeit bei der Xanthogenierung günstiger waren.

DK 016.3:547.458.8;543

Schleicher, Harry

Diskussionsabend über Cellulosederivatanalytik

Faserforsch. u. Textiltechnik / Z. Polymerforsch. **25** (1974) 12, S. 555–559.

Faserforschung und Textiltechnik 25 (1974) Heft 12
Zeitschrift für Polymerforschung

Zur Analytik ionischer Gruppen in Cellulose und Cellulosederivaten

Teil II. Vergleichende Untersuchungen an verschiedenen Derivaten mit ionischen Gruppen[1])

Horst Dautzenberg und Burkart Philipp

Akademie der Wissenschaften der DDR, Institut für Polymerenchemie in Teltow-Seehof

DK 661.728.3:667,728.8:543.241.542.94/.95:543.888

Es wird über die Anwendung einer zunächst für carboxylgruppenhaltige Cellulosepräparate entwickelten, im heterogenen System unter Zusatz von $BaCl_2$ arbeitenden alkalimetrischen Titrationsmethode zur Substitutionsgradbestimmung bei anderen niedrigsubstituierten anionischen Cellulosederivaten sowie — nach geeigneter Abwandlung — bei einem kationischen Derivat berichtet, wobei die Ergebnisse mit denen einer elementaranalytischen Substitutionsgradbestimmung verglichen und aus diesem Vergleich Schlußfolgerungen zur Accessibilität der ionischen Gruppen und zum Auftreten oxydativer Nebenreaktionen bei der Bildung von Sulfopropylcellulose und Cellulosesulfat abgeleitet werden.

Об аналитической химии ионогенных групп в целлюлозе и ее производных.

Часть II. Сравнительные исследования различных производных с ионогенными группами

Описано применение разработанного первоначально для содержащих карбоксильные группы образцов целлюлозы алкалиметрического объемного метода определения степени замещения в гетерогенной системе с добавкой $BaCl_2$ для других низкозамещенных анионных производных целлюлозы. После соответствующей модификации описанный метод использовался и для одного катионного производного целлюлозы. Полученные результаты сравнивались с данными о степени замещения на основе результатов элементарного анализа. Исходя из проведенного сравнения сделаны выводы о доступности ионогенных групп и о побочных реакциях окисления при получении сульфопропилцеллюлозы и сульфата целлюлозы.

The Analysis of Ionic Groups in Cellulose and Cellulose Derivatives.

Part II. Comparative Investigations of Various Derivatives Having Ionic Groups

An alkalimetric titration method applied in heterogeneous systems under addition of $BaCl_2$, which was originally established for cellulose samples containing carboxyl groups, has been used for the determination of the degree of substitution in other anionic cellulose derivatives having low substitution degree as well as, after modification, in cationic derivatives. The results were compared with values obtained by determination the degree of substitution by elemental analysis. The accessibility of ionic groups and the importance of oxydative side reactions during the formation of sulfopropylcellulose and cellulose sulfat are discussed.

1. Einleitung

In einer vorangehenden Mitteilung [1] hatten wir über eine universell anwendbare Methodik zur titrimetrischen Bestimmung der Carboxylgruppen in Celluloseprodukten berichtet und die dabei erhaltenen Ergebnisse mit denen anderer, aus der Literatur entnommener Methoden verglichen. Methodische Untersuchungen zu dieser im heterogenen System an der H-Form der Probe durchgeführten potentiometrischen Titrationsmethode hatten ergeben, daß ein vorgelagerter Ionenaustausch mit $Ba^{··}$ durch Zusatz von $BaCl_2$ die Gleichgewichts- und damit die Potentialeinstellung stark beschleunigt und daß zumindest für durch hydrolytischen Abbau erhaltene Cellulosepulver eine praktisch vollständige Zugänglichkeit aller Carboxylgruppen bei dieser alkalimetrischen Titration angenommen werden kann. In dem vorliegenden Beitrag sollen nun Ergebnisse zusammengefaßt werden, die bei der Übertragung dieser Methode auf andere ionische Cellulosederivate erhalten wurden. Hierbei zogen wir die anionischen Derivate Sulfopropylcellulose, S-Carboxymethylcellulosexanthogenat und Cellulosesulfat sowie als kationisches Derivat Diäthylaminoäthylcellulose (DEAE-Cellulose) heran, wobei die Heteroelemente Schwefel bzw. Stickstoff in den Substituenten die Möglichkeit eines Vergleiches mit einer elementaranalytischen Bestimmung des Substitutionsgrades (SG) und damit zusätzliche Aussagen zur Frage der Accessibilität der ionischen Gruppen bei der Titration boten.

[1]) Vorgetragen von *H. Dautzenberg* zur internationalen Arbeitstagung „Chemische und physikalische Methoden zur Charakterisierung von Zellstoff und von Cellulosederivaten" vom 27. bis 29. Mai 1974 in Rostock. Teil I s. [1].

2. Bemerkungen zur Versuchsmethodik

Einen Überblick über die von uns verwendeten, überwiegend aus LODP-Cellulosepulvern hergestellten Präparate vermittelt Tabelle 1.

Für die in [1] ausführlich beschriebene potentiometrische Titration mit NaOH unter $BaCl_2$-Zusatz wurden die anionischen Derivate grundsätzlich in entsalztem Zustand, d. h. in der H-Form, eingesetzt, deren Reindarstellung sich auf Grund der größeren Säurestärke bei Cellulosesulfat und Sulfopropylcellulose natürlich schwieriger durchführen ließ als bei den carboxylgruppenhaltigen Derivaten und z. B. bei Sulfopropylcellulose am besten durch mehrstündige Behandlung mit 1 n HCl in einer Aceton/Wasser-Mischung (80:20 Vol. %) in einer Säule gelang. Zur Titration von DEAE-Cellulose wurde die Titrationsmethode sinngemäß abgewandelt, indem wir mit 1 m NaOH das Präparat in die OH-Form überführten, mit Wasser, Äthanol und Äther wuschen und nach Trocknung bei etwa 40°C

Tabelle 1. Übersicht über die eingesetzten ionischen Cellulosederivate

Präparat	SG-Bereich mmol/kg
Carboxymethylcellulose	400··· 4000
Cellulosesulfat	50···10000
Sulfopropylcellulose	10··· 1000
Cellulose-S-Carboxymethylxanthogenat	50··· 1500
Diäthylaminoäthylcellulose (DEAE-Cellulose)	100···1000

mit 0,1 n HCl unter Zusatz von NaCl (0,5 mol/l) ebenfalls mittels Glaselektrodenmeßkette unter Verwendung des Wendepunktes der Kurve als Endpunkt titrierten.

Die elementaranalytischen Vergleichwerte wurden im Falle der DEAE-Cellulose durch Stickstoffbestimmung nach *Kjeldahl*, bei der Sulfopropylcellulose durch Schwefelbestimmung nach *Schöniger* [2] bzw. nach *Wurtzschmidt* [3] erhalten, während wir bei Cellulosesulfaten zur Verseifung zunächst mit 0,2 n HCl 1 h zum Sieden erhitzten, dann nach Zugabe von $BaCl_2$ noch weitere 30 min am Rückfluß kochten und schließlich den Bariumüberschuß komplexometrisch [4] zurücktitrierten.

3. *Versuchsergebnisse und Diskussion*

Grundsätzlich erwies sich die in [1] beschriebene „Bariumchloridmethode“ für alle hier untersuchten anionischen Cellulosederivate als geeignet und lieferte im gesamten untersuchten SG-Bereich gut reproduzierbare Werte bei Standardabweichungen von $\pm 0{,}05$ ml Titriermittel (auf Basis von Doppelbestimmungen errechnet) für die einzelnen Derivate. Das gleiche gilt für die entsprechend abgewandelte Methode zur Titration der kationischen Gruppen in DEAE-Cellulose. Vorausetzunng für eine erfolgreiche Anwendung der Methode ist selbstverständlich die vorherige vollständige Überführung des Präparates in die H- bzw. OH-Form.

Zwischen den vier von uns untersuchten anionischen Derivaten zeigen sich erwartungsgemäß Unterschiede im Potentialverlauf bei der Titration, und vor allem ist der Einfluß des $BaCl_2$-Zusatzes auf die Titrationskurve recht verschieden (Bild 1). Bei Sulfopropylcellulose und Cellulosesulfat (Schwefelsäure*halb*ester der Cellulose) beginnt die Titrationskurve in An- und Abwesenheit von $BaCl_2$ bei etwa dem gleichen, einem pH-Wert der Lösung von ca. pH = 2,5 entsprechenden Anfangspotential. Mit und ohne Zugabe von $BaCl_2$ erfolgt die Potentialeinstellung gleichermaßen rasch, und in jedem Fall ist eine zügige Titration möglich. Signifikante Unterschiede im Kurvenverlauf bestehen nicht. Für beide carboxylgruppenhaltige Derivate liegt das Anfangspotential ohne $BaCl_2$-Zusatz erwartungsgemäß niedriger, entsprechend einem höheren pH-Wert der Lösung von etwa pH = 3,7 bei Cellulose-S-Carboxymethylxanthogenat und pH = 4,1 bei Carboxymethylcellulose. Ein Zusatz von $BaCl_2$ führt hier in beiden Fällen zu einer deutlichen Erhöhung des Anfangspotentials entsprechend einer pH-Verschiebung um etwa 0,4 bzw. 0,8 pH-Einheiten in Richtung des sauren Gebiets. Bei Carboxymethylcellulose verläuft ohne $BaCl_2$-Zusatz die Potentialeinstellung so langsam, daß nur in Gegenwart von Neutralsalz eine saubere Titrationskurve aufgenommen werden kann. Bei Cellulose-S-Carboxymethylxanthogenat ist eine Titration auch ohne Neutralsalzzusatz noch möglich, wenn auch mit einer sehr langsamen Einstellungsgeschwindigkeit des Potentials, wobei sich die Kurvenverläufe mit und ohne $BaCl_2$-Zusatz deutlich unterscheiden, aber in beiden Fällen die gleiche Menge an Titriermittel bis zum Wendepunkt der Kurve verbraucht wird. Auch bei DEAE-Cellulose verglichen wir den Titrationsverlauf mit und ohne Neutralsalzzusatz und stellten bei praktisch gleichem Titriermittelverbrauch bis zum Endpunkt eine etwas langsamere Potentialeinstellung in Abwesenheit von Neutralsalz fest.

Aus diesen Ergebnissen möchten wir zunächst schließen, daß die bei carboxylgruppenhaltigen Derivaten beobachtete langsame Potentialeinstellung nicht auf Diffusionshemmungen zurückzuführen ist, da diese dann auch bei den schwefelhaltigen Derivaten zu erwarten wären, sondern vielmehr durch chemische Faktoren bedingt ist. Wir vermuten hier in erster Linie eine verzögerte Einstellung des Ionenaustauschgleichgewichtes infolge zwischenmolekularer Wechselwirkungen der in der H-Form vorliegenden Carboxylgruppen untereinander oder mit anderen funktionellen Gruppen über Wasserstoffbrücken, wobei die raschere Potentialeinstellung in Gegenwart von Bariumionen im Vergleich zu Natriumionen zwanglos durch ein erleichtertes Aufbrechen dieser Brücken infolge stärkerer Bindung der Ba^{++}-Ionen am Polymeren erklärt werden könnte [5]; denn bereits bei der $BaCl_2$-Zugabe tritt ein deutlicher Potentialsprung durch Freisetzen von H^+-Ionen auf. Zu der im ersten Teil dieser Veröffentlichung [1] diskutierten Lactongruppenproblematik ist aus unseren Messungen an Sulfopropylcellulose ergänzend festzustellen, daß auch hier, also unter Bedingungen, die eine Lactongruppenbildung und -spaltung ausschließen, im Vergleich zu den nach der Bariumchloridmethode erhaltenen Werten bei Behandlung der H-Form mit Alkaliüberschuß und Rücktritration nach

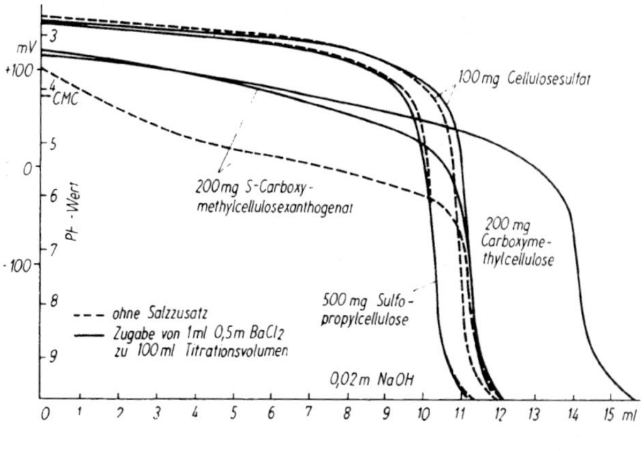

Bild 1. Potentialverlauf bei der alkalimetrischen Titration verschiedener anionischer Cellulosederivate mit und ohne Zusatz von $BaCl_2$ (Glaselektrode/ges. Kalomel)

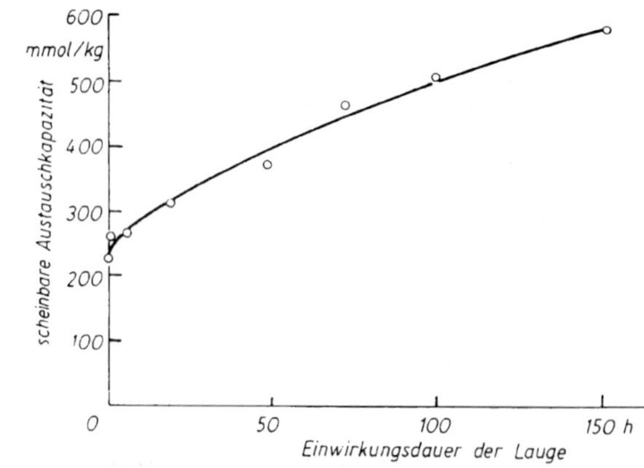

Bild 2. Scheinbarer Gehalt an sauren Gruppen in Sulfopropylcellulose nach unterschiedlich langer Behandlung mit NaOH und anschließender Rücktitration mit HCl

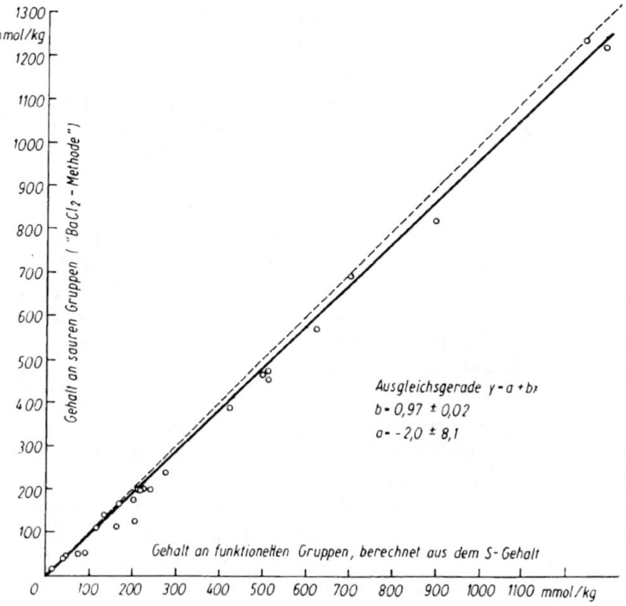

Bild 3. Vergleich von titrimetrischer und elementaranalytischer Substitutionsgradbestimmung bei Cellulose-S-Carboxymethylxanthogenat

unterschiedlichen Zeiten ein mit der Zeit zunehmender Mehrverbrauch an Alkali beobachtet wird (Bild 2), der offensichtlich auf anderweitige Umsetzungen an der Cellulosekette zurückzuführen ist.

Ein Vergleich der durch potentiometrische Titration mit den durch Elementaranalyse erhaltenen SG-Werten bestätigt die für Carboxylgruppen schon in [1] getroffene Feststellung einer praktisch vollständigen Zugänglichkeit der ionischen Gruppen modifizierter Cellulosepulver für die Titration im heterogenen System. Besonders klar kommt dies bei der Auftragung unserer an Cellulose-S-Carboxymethylxanthogenat erhaltenen Ergebnisse entsprechend (Bild 3) zum Ausdruck, für das eine Ausgleichsrechnung einen Zusammenhang zwischen titrimetrischen und elementaranalytischen SG-Werten entsprechend

$$\mathrm{SG}\ [\mathrm{mmol/kg}]_{\mathrm{titr}} = (0{,}97 \pm 0{,}02)\ \mathrm{SG}\ [\mathrm{mmol/kg}]_{\mathrm{elem}} - (2{,}0 \pm 8{,}1)$$

lieferte, wobei zur Aufstellung dieser Korrelationsbeziehung sowohl aus Cellulosepulver hergestellte wie durch Fällung aus Viskoselösungen erhaltene Präparate dienten.

Die zum Teil etwas tieferen Titrationswerte erklären sich zwanglos aus einem geringen durch Nebenprodukte bedingten Schwefelüberschuß in unseren Präparaten. Der mit steigendem SG erfolgende Übergang von weitgehend unlöslichen zu weitgehend löslichen Derivaten läßt keine Abweichung von der linearen Beziehung erkennen, was ebenfalls gegen eine strukturbedingte Behinderung bei der Erfassung der funktionellen Gruppen im heterogenen System spricht. Für DEAE-Cellulose wurde nach Bild 4 ebenfalls ein linearer Zusammenhang zwischen den nach beiden Methoden erzielten Ergebnissen entsprechend

$$\mathrm{SG}\ [\mathrm{mmol/kg}]_{\mathrm{titr}} = (1{,}024 \pm 0{,}037)\ \mathrm{SG}\ [\mathrm{mmol/kg}]_{\mathrm{elem}} + (-37 \pm 21)$$

erhalten, wobei wir die geringen Abweichungen von der theoretischen Korrelation $\mathrm{SG}_{\mathrm{titr}} = \mathrm{SG}_{\mathrm{elem}}$ auf eine bei manchen, vor allem den höher substituierten und daher stärker quellenden, Präparaten nicht ganz vollständige Entsalzung vor der Titration zurückführen.

Besonders aufschlußreich war ein Vergleich der Ergebnisse beider Methoden für Sulfopropylcellulose (Bild 5): Für den Richtungsfaktor der Korrelationsgeraden fanden wir hier wie bei Cellulose-S-Carboxymethylxanthogenat mit 0,97 ± 0,02 fast den theoretischen Wert, stellten jedoch gleichzeitig fest, daß die meisten titrimetrischen SG-Werte unter Berücksichtigung eines manchmal nach der Entsalzung noch vor-

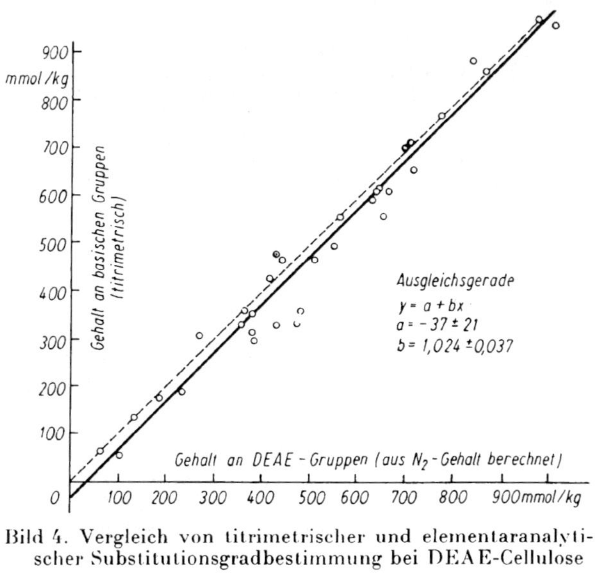

Bild 4. Vergleich von titrimetrischer und elementaranalytischer Substitutionsgradbestimmung bei DEAE-Cellulose

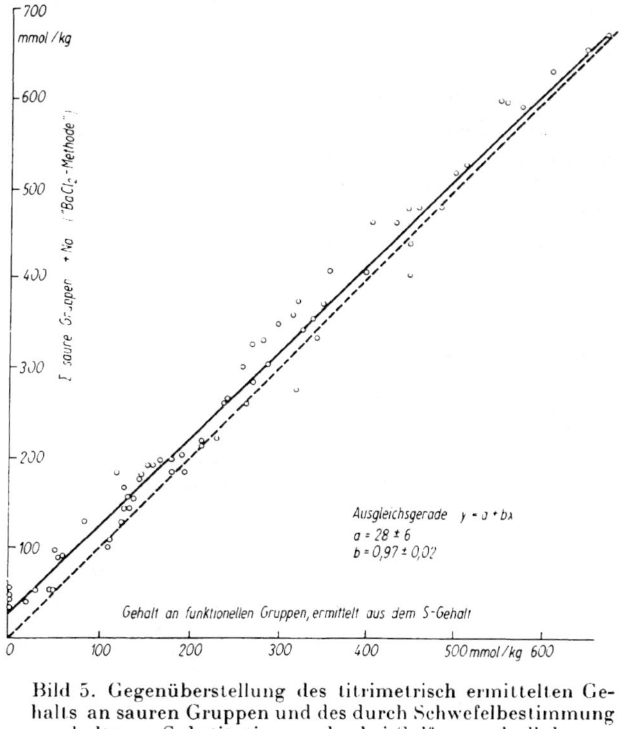

Bild 5. Gegenüberstellung des titrimetrisch ermittelten Gehalts an sauren Gruppen und des durch Schwefelbestimmung erhaltenen Substitutionsgrades bei Sulfopropylcellulose

handenen und separat bestimmten Rest-Natrium-Gehaltes deutlich höher als die aus dem Schwefelgehalt ermittelten lagen. Diese bis zu 60 mmol/kg betragenden Abweichungen von der theoretisch zu erwartenden Geraden wurden von Reaktionszeit, Temperatur und Medium bei der Herstellung der Präparate beeinflußt, hingen jedoch kaum vom Absolutwert des erreichten SG ab. Unsere Vermutung, daß diese Differenz durch den zusätzlichen Einbau anderer saurer Gruppen neben den Sulfogruppen zustande kommt und daß es sich hierbei in erster Linie um oxydativ entstandene Carboxylgruppen handelt, wurde durch Blindversuche bestätigt, die zu einem Carboxylgruppengehalt in der erwarteten Höhe führten. Der Vergleich beider Analysenverfahren gab also hier zugleich Hinweise auf zusätzlich zu berücksichtigende Faktoren beim Reaktionsablauf.

Noch wesentlich größere Unterschiede zwischen den nach beiden Methoden erhaltenen Meßwerten fanden wir bei Cellulosesulfaten, wo nach vollständiger Entsalzung frisch hergestellter Proben bis zu 100% mehr saure Gruppen gefunden wurden, als dem Schwefelgehalt entsprach. Mit fortschreitender Entfernung hochsubstituierter Anteile aus diesen Präparaten durch eine extraktive Fraktionierung verringerte sich diese Differenz mit abnehmendem SG des Rückstandes, bis schließlich bei den Extraktionsrückständen einiger Präparate beide Methoden weitgehend übereinstimmende Werte ergaben. Auch hier ist als Ursache der beobachteten Differenz zwischen den Ergebnissen beider Methoden die oxydative Bildung von Carboxylgruppen bei der Herstellung der Schwefelsäurehalbester anzunehmen, wie durch IR-spektroskopische Untersuchungen an unterschiedlich weit extrahierten Präparaten inzwischen bestätigt wurde [6]. Die genannte Kombination der beiden Methoden zur SG-Bestimmung einer Extraktivfraktionierung führt somit auch bei Cellulosesulfaten zu zusätzlichen Informationen über den Reaktionsablauf hinsichtlich Art und Verteilung der verschiedenen funktionellen Gruppen.

4. *Zusammenfassung und Schlußfolgerungen*

Die wesentlichen Ergebnisse unserer Arbeiten zur Bestimmung ionischer Gruppen in Cellulose und ihren Derivaten lassen sich in folgenden Punkten zusammenfassen:

1. Zumindest für unter hydrolytischem Abbau gewonnene Cellulosepulver spielen „Accessibilitätshemmungen" bei der Bestimmung ionischer Gruppen allenfalls eine sehr untergeordnete Rolle, und die im heterogenen System durch Ionenaustausch erhaltenen Substitutionsgrade sind praktisch nicht durch ungenügende Zugänglichkeit verfälscht.
2. Die im Mittelpunkt unserer methodischen Arbeiten stehende alkalimetrische Titration mit $BaCl_2$-Zusatz („Bariumchloridmethode") ist nicht nur für lösliche wie für unlösliche carboxylgruppenhaltige Derivate im SG-Bereich zwischen 1 und ca. 5000 mmol/kg universell mit guter Reproduzierbarkeit anwendbar, sondern kann auch auf andere anionische sowie — sinngemäß abgewandelt — auf kationische Derivate übertragen werden. Für andere Methoden zur Carboxylbestimmung, z. B. durch Methylenblaubindung oder durch Fällung des Uranylsalzes der Probe, ist zwar ebenfalls eine Erweiterung des Anwendungsbereiches möglich, jedoch werden Anpassungsfähigkeit und Zuverlässigkeit der Bariumchloridmethode u. E. nicht erreicht.
3. Jede Alkalibehandlung von Cellulose und den hier betrachteten niedrig substituierten Cellulosederivaten bei pH > 10 führt nach unseren Erfahrungen zu einem zusätzlichen NaOH-Verbrauch durch Reaktionen an der Cellulosekette und nicht etwa nur durch Spaltung von Lactongruppen, wobei wir hinsichtlich des „Lactongruppenproblems" auf Grund unserer Ergebnisse die Auffassung vertreten, daß entweder die Bariumchloridmethode bei modifizierten Cellulosepulvern solche Lactongruppen als Carboxylgruppen mit erfaßt, oder aber daß bei der Herstellung der H-Form des Präparats keine nennenswerte Lactonisierung erfolgt.
4. Die Gegenüberstellung von elementaranalytischer SG-Bestimmung und Gesamtzahl der durch Titration erhaltenen sauren Gruppen ist bei ionischen Cellulosederivaten mit Heteroatomen geeignet, die bisher kaum beachteten und in Abhängigkeit von den Reaktionsbedingungen zu einem unterschiedlich starken Einbau von Carboxylgruppen führenden oxydativen Nebenreaktionen zu erfassen.

Zur weiteren Klärung der auf dem Gebiet der Analytik ionischer Gruppen in Cellulosepräparaten offenen Fragen ist es u. E. nach notwendig, erstens unter Heranziehung von Modellsubstanzen die Einwirkung von schwach alkalischen Medien auf die Cellulosekette im Zusammenhang mit dem Lactongruppenproblem weiter zu untersuchen, zweitens die Frage des Accessibilitätseinflusses auch für andere morphologische Strukturen endgültig zu klären und schließlich drittens im Sinne einer weiteren Integration der Cellulosechemie in das Gesamtgebiet der Polymerforschung stärker als bisher die Erkenntnisse zur Analytik und Physikochemie der Ionenaustauschprozesse an synthetischen Ionenaustauschern für unsere spezielle Fragestellung der ionischen Cellulosederivate zu nutzen.

Frau *E. Kostowa* und Herrn *W. Schulz* danken wir für sorgfältige experimentelle Mitarbeit.

Literatur

[1] *Dautzenberg, H.*, und *Philipp, B.*: Analytik ionischer Gruppen in Cellulose und Cellulosederivaten. Teil I: Methodische und systematische Arbeiten zur Carboxylgruppenbestimmung. Faserforsch. u. Textiltechnik/Z. Polymerforsch. **25** (1974) 11, S. 469—475.
[2] *Schöniger, W.*: Die mikroanalytische Schnellbestimmung von Halogen und Schwefel in organischen Verbindungen. Mikrochim. Acta (1956) S. 869—876.
[3] Modifiziertes *Wurzschmidt*-Verfahren nach Prof. *A. Simon*, Dresden. Firmenschrift Fa. Schreiber, Berlin-Hohenschönhausen, 1958; vgl.: *Bartels, U.*, und *Hoyme, H.*: Zur komplexometrischen Endbestimmung des Schwefels in organischen Substanzen nach verschiedenen Aufschlußverfahren. Chem. Technik **11** (1959) S. 600—603.
[4] *Philipp, B.*, und *Hoyme, H.*: Zur komplexometrischen Sulfatbestimmung mit Phthaleinkomplexon. Faserforsch. u. Textiltechnik **7** (1956) S. 525—527.
[5] Vgl. z. B.: *Rinaudo, M.*, und *Milas, M.*: Determination of the thermodynamic parameters of selectivity on polyelectrolytes by potentiometry and microcalorimetry. Macromolecules, Washington **6** (1973) S. 879—881.
[6] *Bischoff, K.-H.*, *Dautzenberg, H.*, *Dechant, J.*, und *Philipp, B.*: Veröff. in Faserforschung und Textiltechnik/Z. Polymerforsch. in Vorbereitung.

Eingegangen am 31. Juli 1974

Faserforschung und Textiltechnik 25 (1974) Heft 12
Zeitschrift für Polymerforschung
525

Einige Probleme bei der Benutzung und Auswertung von Infrarot-Spektren in der Cellulose-Analytik

Miroslav Slabina, B. Schneider**, und J. Jakeš***

* *Institut für Rationalisierung und Entwicklung der Papier- und Zellstoff-Industrie, Prag*

** *ČSAV-Institut für makromolekulare Chemie der ČSAV, Prag*

DK 661.728.3:543.422.4:539.215:541.182

Bei der Auswertung von Infrarot-Spektren von Cellulose und Holz sowie auch von anderen festen Stoffen ergeben sich bekanntlich Schwierigkeiten. Die Qualität der Spektren ist durch die Teilchengröße, d. h. durch die Homogenität der Probe, wesentlich beeinflußt. Es wurden verschiedene experimentelle Methoden der Messung von IR-Spektren gegeneinander verglichen. Dabei wurde auch eine Art der Auswertung von Spektren, die durch den Mosaik-Effekt deformiert sind, experimentell bearbeitet.

Некоторые проблемы использования и интерпретации ИК-спектров в аналитической химии целлюлозы

Известно, что интерпретация ИК-спектров целлюлозы, древесины и других твердых материалов вызывает затруднения. Значительное влияние на качество снятых спектров оказывают размеры частиц образца, т.е. его однородность. Проводилось сравнение различных экспериментальных методов количественной оценки ИК-спектров, причем экспериментально изучался и метод обработки спектров, искаженных в результате так называемого мозаичного эффекта.

Some Problems of Using and Interpreting Infrared Spectra in the Cellulose Analytic

Analyzing the infrared spectra of cellulose and wood and also of other solids is resulting as is well known difficulties. The quality of the spectra is influenced by the particle size, i.e. by the homogenity of the sample. Different experimental methods of measuring IR-spectra were compared with another. Thereby also a kind of analyzing spectra who are deformed by the mosaic effect was experimental manipulated.

Einleitung

In unseren früheren Arbeiten [1, 2] haben wir neben der KBR-Pastillen-Methode der aus fein gemahlenem und gesiebtem Holz- bzw. Zellstoffpulver unter Druck geformten Folien [3] benutzt. Es wurde festgestellt, daß für Holz die Methode der KBR-Pastillen, für Zellstoff die Methode der Folien geeignet ist. Jedoch ist bei diesen Methoden keine Sicherheit dagegen gegeben, daß bei trockener Mahlung Strukturänderungen auftreten. Man hat deshalb eine Methode ausgearbeitet, bei der die Mahlung im Wasser durchgeführt wird und auf einer genormten Apparatur (Rapid-Köthen) dünne Blätter geformt werden. Die Methode ermöglicht Messungen von Spektren bei verschiedenen Bedingungen im Bereich von 3600 bis 900 cm^{-1} [3].

Auch hier wurde festgestellt, daß die Qualität der Spektren entscheidend auch durch die Teilchengröße (bzw. den Mahlgrad) in dem ganzen verfolgten Bereich beeinflußt wird. Der steigende Mahlgrad, die Immersion und die Verarbeitung der Probe durch Druck, eine eventuelle Kombination dieser Methoden der Probenaufbereitung führt zur Herabsetzung der Lichtstreuung auf den Teilchen der Cellulose; es ist aber unmöglich, diesen Einfluß der Unhomogenität der Probe vollständig zu beseitigen. Es hat sich gut bewährt, nachfolgend die dünnen Blätter (8 g/m^2) mit einem Druck von 12000 kp/cm^2 zu verarbeiten, was eine genügende Beseitigung der Lichtstreuung sichert. Der Einfluß des Mahlgrades verursacht die Änderung der Extinktion proportional mit der Intensität der Banden, so daß bei den Banden von hoher Intensität (3600 bis 3400 cm^{-1}) diese Änderung zur Charakterisierung des Mahlgrades der Probe benutzt werden kann. Diese Charakteristik gibt das Verhältnis von Intensitäten der Banden 3600 bis 3400/2900 cm^{-1}, was proportional zum Mahlgrad ansteigt. Auf Grund dieser Charakteristik ist es möglich, aus verschiedenen Zellstoffproben reproduzierbare Proben vorzubereiten und deren Spektren miteinander zu vergleichen. Gleichzeitig wurde bewiesen (röntgenographisch), daß bei der oben beschriebenen Probenbereitung keine nachweisbaren Änderungen weder in dem Ordnungsgrad noch im Strukturumgang festgestellt wurden. Die Methode eignet sich für die Messung von IR-Spektren verschiedener Zellstoffe und für die Bestimmung eventueller Beimengungen in dem Falle, daß man mit Blättern von hohem Mahlgrad ab 60° Schopper-Riegler und höher) arbeitet und diese nachfolgend unter Druck, eventuell in Kombination mit geeigneter Immersionsflüssigkeit (CCl_4, Hexachlorbutadien u. a.), bearbeitet. Die Manipulation der Probe ist einfach und die Bereitung der Blätter macht keine Schwierigkeiten. Leider ist es auch durch diese Methode nicht möglich, den Einfluß der Unhomogenität vollständig zu beseitigen, was eine genaue quantitative gegenseitige Auswertung sowie einen Vergleich von entfernten Bereichen des Spektrums nicht erlaubt. Die Elimination dieses Einflusses durch ein mathematisches Modell ist zur Zeit unmöglich, denn bis jetzt erscheint eine Ausarbeitung dieses Modelles für ein Papierblatt zu kompliziert. Deshalb wurde in der weiteren Arbeit ein einfaches Modell benutzt, das für die Methode der KBR-Pastillen bei der Arbeit im Bereich von niedrigen Konzentrationen geeignet ist.

Wie oben gesagt, sind die Störungen bei der Auswertung der KBR-Spektren durch die Lichtstreuung und Lichtbeugung verursacht. Andererseits handelt es sich um den sogenannten Mosaik-Effekt, der dadurch hervorgerufen wird, daß der Lichtstrahl im ganzen Querschnitt nicht die gleiche Dicke der Probe passiert. Im Gegenteil zu der Streuung, die durch die Immersion eliminiert werden kann, ist die Beugung nur durch weitgehende Desintegrierung der Probe zu eliminieren. Der Mosaik-Effekt führt im Gegenteil zum Obengesagten zur Senkung der Absorption und läßt sich in faserigen Materialien durch die Probenbereitung nicht beseitigen. Mit der Eliminierung des Mosaik-Effektes hat sich *Jones* [5] befaßt. Sein Modell setzt die Vernachlässigung der Streuung voraus und stellt das Modell als eine Küvette, die mit der gemessenen Probe nur zum Teil gefüllt ist, dar.

[1]) Vorgetragen von *M. Slabina* auf der Internationalen Arbeitstagung „Chemische und physikalische Methoden zur Charakterisierung von Zellstoff und von Cellulosederivaten vom 27. bis 29. Mai 1974 in Rostock

Auf Grund dieses Modelles stellt er die Formel für die Extinktion wie folgt dar:

$$E_x = \frac{1}{c_1} \log_{10} \left[\frac{I_0}{I' + (1 - x) I_0} \right],$$

wo

$(l - x) \cdot I_0$ die Lichtenergie, die den leeren Raum passiert, und

x den Bruchteil der Energie, die den gefüllten Raum der Küvette zeigt, darstellt

Ein komplizierteres Modell hat *Duyckaerts* [6] benutzt. Sein Modell setzt voraus, daß die Teilchen des gemessenen Stoffes eine geometrisch bestimmte Form haben und sich in beinahe vollständig gefüllte Schichten einlagern. Beide Modelle sind weitgehend vereinfacht und entsprechen nicht den Verhältnissen in den KBR-Tabletten, wo bei Voraussetzung niedriger Konzentrationen und einer vollständig gleichmäßigen Dispersion eine statistische Verteilung und gegenseitige Teilchenüberdeckung vorauszusetzen sind. Diesen Voraussetzungen entspricht das statistische Modell, was von *Jakeš* u. a. beschrieben wurde.

1. Aus dieser statistischen Bearbeitung geht hervor, daß in den KBR-Tabletten, sofern mit niedrigen Konzentrationen (bis 5 mg Probe in der Tablette) gearbeitet wird, die Gültigkeit des *Lambert/Beer*schen Gesetzes in guter Übereinstimmung ist.
2. Für jede Teilchenform, die in KBR-Tabletten dispergiert, ist es möglich, die mittlere Dicke, die der Strahl passiert, auszuwerten.
3. Für eine so definierte mittlere Dicke ist es auch möglich, die mittlere Intensität der Absorptionsbanden als Funktion des Extinktions-Koeffizienten auszudrücken.

Experimentelle Überprüfung

Zur Überprüfung der abgeleiteten Abhängigkeiten wurden im Wasser gemahlene Fasern von gebleichtem Sulfatzellstoff aus Kiefernholz sowie auf eine Länge von 1 bis 2 mm zugeschnittene Terylenefasern verwendet.

Zur Feststellung der Streuung und Beugung wurden Kupferdrähte mit einem Durchmesser von 35 mm verwendet, die ebenfalls in Teilchen mit einer Länge von 1 bis 2 mm zerschnitten wurden.

Die Zellstoffasern wurden im Wasser gemahlen, und es wurden aus ihnen dünne Blätter hergestellt. Von diesen Blättern wurden je 2, 3, 5 und 7 mg auf 1 g Kaliumbromid (KBR) eingewogen. Die Einwaage wurde in einer minimalen Wassermenge aufgeschlämmt und dann mit KBR gemischt. Nach dem Trocknen im Vakuum unter einer Infrarot-Lampe wurden Tabletten gepreßt. Die Gültigkeit des *Lambert/Beer*schen Gesetzes wurde für den Mahlgrad 30 und 97° SR in den Banden $3400\ cm^{-1}$, $2900\ cm^{-1}$, $1430\ cm^{-1}$, $1170\ cm^{-1}$ und $1050\ cm^{-1}$ überprüft. Die Extinktionen wurden nach der Methode der Grundlinie ausgewertet, die im Bereich $1800\ cm^{-1}$ parallel mit der Basis geführt wurde. Aus den

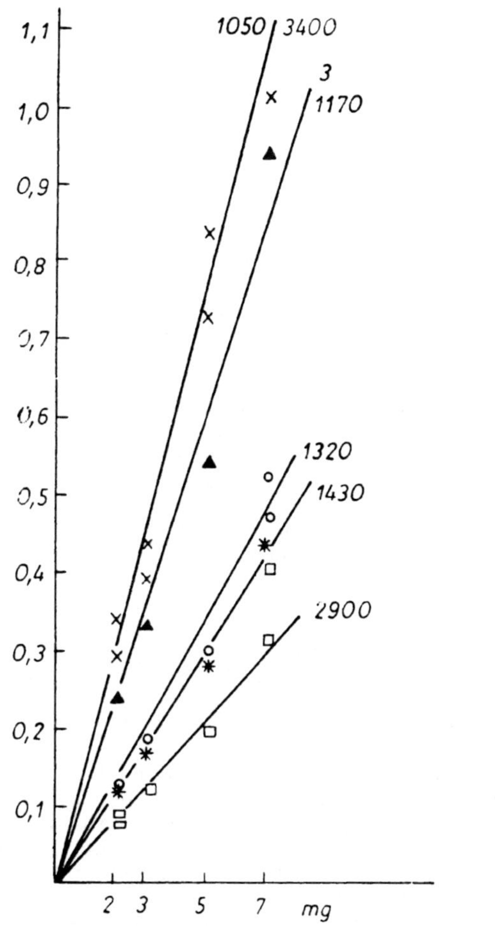

Bild 1. Abhängigkeit von Extinktion und Einwaage (Zellstoff auf 30 SR gemahlen)

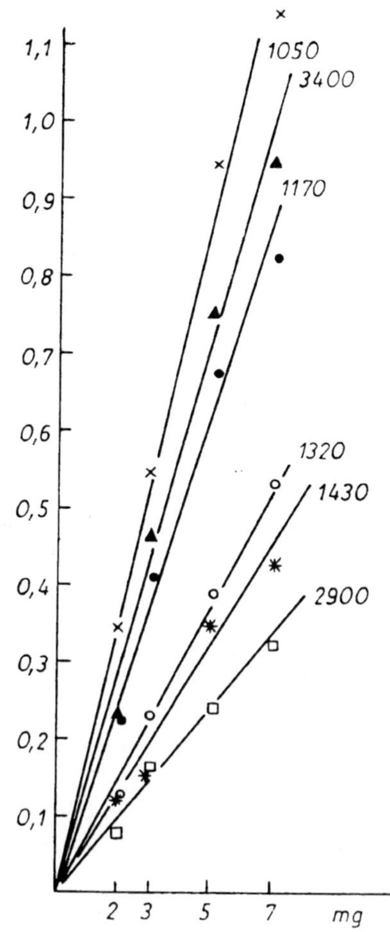

Bild 2. Abhängigkeit von Extiktion und Einwaage (Zellstoff auf 97° SR gemahlen).

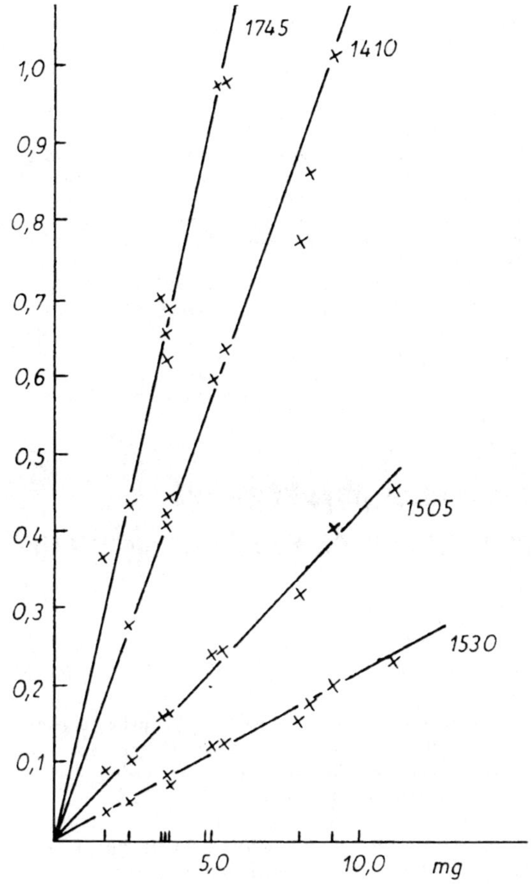

Bild 3. Abhängigkeit von Extinktion und Einwaage (Terylenefaser 11,5 nm Dicke)

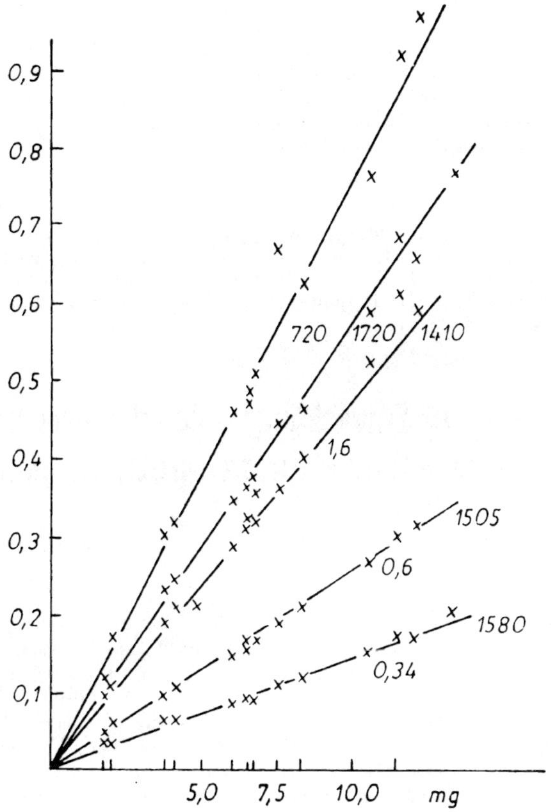

Bild 4. Abhängigkeit von Extinktion und Einwaage (Terylenefaser 34 nm Dicke)

Bildern 1 und 2 ist ersichtlich, daß das *Lambert/Beer*sche Gesetz mit einer Genauigkeit von 2 bis 3% erfüllt ist.

Bei der Verarbeitung der Terylenefasern war es mit Rücksicht auf einen großen Unterschied zwischen den spezifischen Gewichten von KBR und von Terylene notwendig, die Fasern mit dem KBR sehr sorgfältig zu vermischen. Daher wurde die Tablette nach dem ersten Pressen zerquetscht und von neuem 10 min in der Kugelmühle gemahlen, wiederum zerquetscht und nochmals 10 min gemahlen. Die Kontrolle wurde zum einem visuell, zum anderen durch Messen der Spektren in zwei aufeinander senkrechten Stellungen durchgeführt. Die Gültigkeit des *Lambert/Beer*schen Gesetzes wurde bei Terylene für die Faserdurchmesser 11,5 nm und 34 nm und für den Konzentrationsbereich 2 bis 12 mg Terylene auf 1 g KBR in den Banden 1410 cm^{-1}, 1580 cm^{-1}, 1050 cm^{-1} und 1740 cm^{-1} überprüft. Die in den Bildern 3 und 4 angeführten Ergebnisse zeigen, daß das *Lambert/Beer*sche Gesetz ebenfalls im Rahmen des Meßfehlers erfüllt wurde.

Die Banden 3400 cm^{-1}, 1170 cm^{-1} und 1050 cm^{-1} bei Cellulose und das Band 720 cm^{-1} bei Terylene sind so intensiv, daß sie praktisch nur durch die Faserdicke beeinflußt werden und zur Bestimmung der effektiven Dicke für den Mosaik-Effekt verwendet werden können. Die Banden 2900 cm^{-1} und 1450 cm^{-1} sind dagegen wesentlich weniger versehrt. Bei der Berechnung der scheinbaren Faserdicke erhalten wir ein Ergebnis, das sich von den durch direkte Messungen, beispielsweise mit dem Mikroskop, gewonnenen Werten wesentlich unterscheidet. Diese Differenz ist dadurch verursacht, daß die Zellstoffasern hohl sind und ihr Querschnitt nicht kreisförmig ist. Bei Terylene kommt es durch das Pressen und Zerquetschen der Tablette ebenfalls zu Verformungen des Querschnittes. Der Strahl durchdringt also eine wesentlich geringere Dicke, als vollen Zylindern entsprechen würde.

Daher wurden zur Überprüfung der Theorie Kupferdrähte mit 35 nm Durchmesser verwendet, die in 1 bis 2 mm lange Stücke zerschnitten wurden. Von den zerschnittenen Drahtteilchen wurden 50 und 100 mg eingewogen, mit 2 g KBR gemischt und auf die übliche Art zu einer Tablette gepreßt. Dem Mischen der Drähte mit dem KBR mußte mit Rücksicht auf das unterschiedliche spezifische Gewicht außerordentliche Aufmerksamkeit gewidmet werden. Die gemessenen Absorptionswerte erfüllen ebenfalls das *Lambert/Beer*sche Gesetz in den Grenzen der Meßgenauigkeit.

Zusammenfassung

In der vorliegenden Arbeit wurde ein experimenteller Beweis eines mathematischen Modells des Mosaik-Effektes gegeben. Gleichzeitig wurde auch die Gültigkeit des *Lambert/Beer*schen Gesetzes bewiesen, ohne Rücksicht auf den Mahlgrad, d. h. die Teilchengröße und den Mosaik-Effekt. Beides führt zur Verbesserung der Genauigkeit der Methode von KBR-Pastillen bei der Spektroskopie von faserigem Material.

Wie daraus hervorgeht, kann auch bei Probe-Materialien, die mit der KBR-Technik meßbar sind, die IR-Spektrometrie für quantitative analytische Zwecke benutzt werden. Die gemessenen Proben müssen aber unbedingt Teilchen von gleichen Größen enthalten.

Literatur

[1] *Vodňanský, J., Slabina, M.*, und *Schneider, B.*: Investigation of the changes in composition and structure of cellulose and wood by infrared spectroscopy. Coll. czechoslav. chem. Commun. **28** (1963) 12, S. 3245 bis 3256.

[2] *Schneider, B.*, und *Vodňanský, J.*: A study on the relation between the infrared spectra and the crystalline structure of cellulose. Coll. czechoslov. chem. Commun. **28** (1963) 8, S. 2080—2088.

[3] *Žbankov, R. G.*: Infrakr. spektri cel. i jejo proizvodnych. Moskva: 1967.

[4] *Slabina, M.*: Použití metod I. Č. spectroskopie ke sledování změn dřeva a celulózy při technol. proce sech. Dissertation, VŠCHTT Praha.

[5] *Jones, R. N.*: The absorption of radiation by inhomogeneously dispersed systems. J. amer. Chem. Soc. **74** (1952) 10, S. 2681—2683.

[6] *Duyckaerts, G.*: Spectrochim. Acta (1955) 7, S. 25.

[7] *Jakeš, J., Slabina, M.*, und *Schneider, B.*: Influence of the mosaic effect on the intensity of infrared bands. Appl. Spectroscopy (1972) 3, S. 26.

Eingegangen am 23. Juli 1974

Beitrag zur Entwicklung rationalisierter und automatisierter physikalischer Analysenmethoden für die direkte Bestimmung der Dimensionen von Zellstoff-Fasern[1])

Ernst-Wieland Unger

Technische Universität Dresden, Bereich Papiertechnik, Sektion Verarbeitungs- und Verfahrenstechnik

DK 676.1.062:661.728.3:677.017.22:53.082.5:53.082.52

Die Eigenschaften der aus Zellstoff-Fasern zu fertigenden Erzeugnisse und die weitere Verarbeitbarkeit der Zellstoffe hängen zu einem beachtlichen Teil von der geometrischen Form der Fasern und deren statistischer Häufigkeitsverteilung ab. Drei Verfahren zur schnellen Ermittlung der Faserdimensionen werden vorgestellt. Das erste Verfahren enthält die rationalisierte visuell-manuelle Auswertung des Faserbildes am Rückprojektor auf Länge der Faser, das zweite Verfahren vereinzelt die zu messenden Fasern in der konischen Kapillare und gestattet eine automatische optisch-elektronische Abtastung bei hoher Meßgeschwindigkeit am Lichtspalt. Das dritte Verfahren, z. Z. noch in Entwicklung, tastet die ebenfalls mittels konischer Kapillare vereinzelten Fasern mit einem schnell bewegten Lichtpunkt zeilenförmig ab und gestattet somit neben der Faserlänge Angaben über die projizierte Fläche und das Volumen der Fasern.

К вопросу о разработке рационализированных и автоматизированных физических методов непосредственного определения размеров волокон технической целлюлозы

Свойства получаемых из целлюлозы изделий и перерабатываемость целлюлозы в значительной степени зависят от геометрической формы волокон и ее статистического распределения. Описываются три метода быстрого определения размеров волокон. Первый из них заключается в визуально-ручном измерении длины волокна после его изображения. Второй метод основан на единичном разделении измеряемых волокон в коническом капилляре и позволяет проводить автоматическое оптико-электронное измерение при высокой скорости. Третий, еще разрабатываемый в настоящее время метод предусматривает развертывание разделенных в коническом капилляре волокон по строкам быстродвижущимся лучем. Кроме данных о длине волокна он позволяет таким образом получить и сведения о площади проекции и объеме волокна.

Contribution to Rationalized and Automated Analytical Methods for the Direct Determination of Pulp Fiber Dimensions

The Processing of pulp and the properties of the products obtained depend considerably on the geometric shape of individual pulp fibers and its statistical distribution. Three methods for the determination of the fiber dimensions are described. The first method is based on rationalized manual evaluation of the fiber length by projected patterns. The second method allows, after individualizing the fibers in a conical capillar tule, electronoptical scanning at a light slit with high measuring speed. The third method, presently being developed, allows light spot line scanning of the individualized fibers and provides, besides the fiber length, data on the projected area and the volume of the fiber.

Einleitung

Die Morphologie der Faser, d. h. ihr mikroskopischer Aufbau in Abhängigkeit vom Bearbeitungszustand, steht bei der wissenschaftlichen Durchdringung der Fasertechnologie im Vordergrund. Die Eigenschaften des aus den Fasern zu fertigenden Erzeugnisses hängen zu einem beachtlichen Teil von der geometrischen Form und deren Häufigkeitsverteilung ab. Wird aus einem Gemisch von vereinzelten Fasern ein Naßvlies hergestellt, so sind z. B. die Festigkeitseigenschaften vom statischen Haftvermögen und vom dynamischen Gleitvermögen der Fasern untereinander abhängig. Es ist das Ziel der wissenschaftlichen Durchdringung dieser Problematik, die Korrelationen zu erforschen, die zwischen den morphologischen Kennwerten der Faser, wie Masse, Länge, Oberfläche und Volumen einerseits und den Festigkeits-, Permeabilitäts- und Oberflächeneigenschaften des Fertigproduktes andererseits bestehen.

[1]) Erweiterte Fassung eines Vortrags, gehalten auf der Internationalen Arbeitstagung „Chemische und physikalische Methoden zur Charakterisierung von Zellstoff und Cellulosederivaten" vom 27. bis 29. Mai 1974 in Rostock.

Damit wird unter den heute aktuellen technischen Bedingungen des Einsatzes von Prozeßreglern auch in der Zellstoff- und Papierindustrie die Forderung gestellt, on-line-Meßwertgeber für die automatische Echtzeitmessung der Faserdimensionen und Steuerungsmodelle für die Vorwärtssteuerung des Blattbildungsprozesses zu schaffen.

Bei den Bemühungen, die physikalischen Eigenschaften eines Zellstoffs schon aus der Suspensionsphase vorausbestimmen zu können, muß außerdem beachtet werden, daß auch das Laufverhalten in der Papiermaschine wesentlich von den morphologischen Eigenschaften beeinflußt wird. Insbesondere hohe Faserlänge hat Einfluß auf gute Entwässerbarkeit in der Naßpartie und hohes Dehnungsvermögen in der Pressenpartie, Trockenpartie und Nachverdichtung.

Die Stoffeigenschaften Faserlänge, spezifische Faseroberfläche und spezifisches Faservolumen und deren statistische Verteilungen sind Primäreigenschaften, aus denen die Folgeeigenschaften Entwässerungsverhalten, initiale Naßfestigkeit, Blattdurchsicht sowie mannigfaltige Festigkeitseigenschaften abgeleitet werden können.

Bisher begnügte man sich bei der Prozeßlenkung im Allgemeinen mit der Kenntnis von Folgeeigenschaften. Da diese Folgeeigenschaften aber durch das gleichzeitige Wirken mehrerer Primäreigenschaften zustande kommen, ist z. B. eine mathematische Modellierung des Aufbereitungs- und Blattbildungsprozesses sehr problematisch, solange man sich auf diese komplexen Größen beziehen muß. Der allgemeine Trend der Prozeßmeßtechnik geht dahin, die Primäreigenschaften eines Verarbeitungsguts zwischen den Prozeßstufen kontinuierlich und direkt mit Echtzeitmeßverfahren zu bestimmen. Die Totzeit des Meßverfahrens ist dabei der Dynamik der zu lenkenden Prozeßstufen anzupassen.

1. *Manuelle Bestimmung der Faserlänge am Projektionsbild*

Wir befaßten uns an der Technischen Universität Dresden bereits in den Jahren 1962 bis 1964 damit, die optisch sichtbaren Informationen über Faserlänge und Faserlängenverteilung rationalisiert zu messen [1]. Ausgehend von einer fundamentalen Arbeit von *Jayme* und *Hardes-Steinhäuser* [2] entwickelten wir ein Meßsystem als Schnellverfahren (Bild 1) für die Präparatherstellung, Rückprojektion, visuell-manuelle Umsetzung in eine längenanaloge Spannung, Klassierung und forcierte Rechenauswertung. Der Gesamtzeitaufwand konnte bei der Auswertung von 600 Fasern auf 30 min reduziert werden. Dieses Verfahren ist reproduzierbar und eichfähig und bei nicht zu hohen Forderungen an die Prozeßdynamik auch für die off-line-Prozeßkontrolle geeignet.

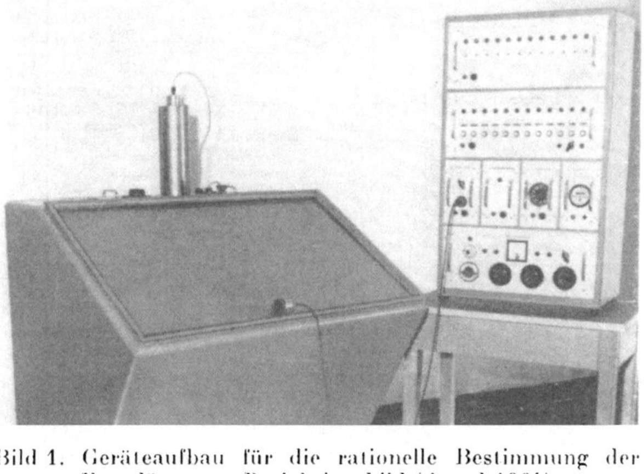

Bild 1. Geräteaufbau für die rationelle Bestimmung der Faserlänge am Projektionsbild (Stand 1964)

Die gute Reproduzierbarkeit schon bei der Auswertung von 600 Einzelwerten wird dadurch erreicht, daß die Klassenteilung nicht, wie bisher üblich, linear, sondern stetig gespreizt, nach einer arithmetischen Reihe vorgenommen wird. Da im Bereich kurzer Faserlängen eine große Häufigkeit zu erwarten ist, wurde dort die Klassenteilung enger gewählt. Die Reproduzierbarkeit der Häufigkeitsverteilungen wird in den oberen Klassen dadurch größer, daß die absolute Klassenhäufigkeit wegen der größeren Klassenbreite hochgesetzt wird. Im Bild 2 sind die längenbetonten relativen Häufigkeitskurven verschiedener Holzklassen der Kiefer dargestellt, rechts im Bild die längenbetonten Mittelwerte. Vorteilhaft ist diese Darstellungsweise auch bei der Beurteilung von Mahlprozessen, wenn von gleichem Mahlgut verschiedene Prozeßstufen analysiert und einander gegenübergestellt werden.

Tabelle 1 zeigt das Rechenschema, wie es, abgesehen von der bereits angewendeten stetigen Spreizung, von *Jayme* und *Hardes-Steinhäuser* übernommen wurde. Diese Rechenarbeit ist in einem Digitalrechner heute ohne Schwierigkeiten zu programmieren, wie noch erläutert wird. Zunächst konnten wir aber die Auswertzeit von 30 min auf 3 min schon dadurch herabsetzen, daß wir, wie in Tabelle 2 dargestellt, eine Rechentabelle für *A*, *B* und *C* einsetzten, was allerdings die Festlegung auf eine konstante Gesamtzahl (hier 600 Fasern) voraussetzt. Dieses Schnellverfahren mit Tabelle wird bei uns heute noch überwiegend angewendet, weil es von der Zeitorganisation des Elektronenrechners unabhängig macht.

Wir haben in diesem Jahr eine völlig neue, mit moderner Meßtechnik ausgestattete digitale Informationserfassungsanlage für Projektionsbildauswertung aufgebaut, die in Forschung und Lehre bereits genutzt wird.

Bei der Neugestaltung des Meßverfahrens ließen wir uns von folgenden Gesichtspunkten leiten:

a) Übernahme einer Durchlaufküvette aus früheren Arbeiten [3],
b) Anwendung eines handelsüblichen Rückprojektors,
c) rein digitale elektronische Auswertung mit einem Meßsystem, das auch für schnelle automatische Messungen geeignet ist.

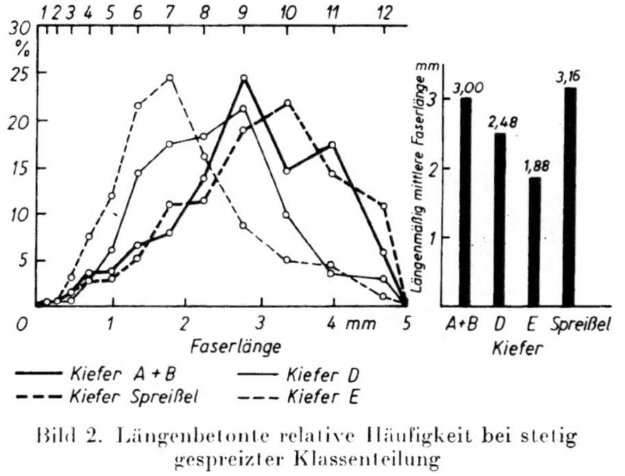

Bild 2. Längenbetonte relative Häufigkeit bei stetig gespreizter Klassenteilung

Tabelle 1. Schema für die Berechnung der unbetonten und längenbetonten relativen Häufigkeit und deren Mittelwerten

Intervall i	Zählwerk p_{iI}	Zählwerk h_{iII}	Anzahl $h_i = h_{iII} - h_{iI}$	Intervallmittel x_{Mi} [mm]	$h_i \cdot x_{Mi}$ [mm]	h_i [% v. Σh_i] (rel. Häufigkeitsverteilung)	$h_i \cdot x_{Mi}$ [% v. $\Sigma (h_i \cdot x_{Mi})$] (rel. Längenverteilung)	$h_i \cdot x_{Mi}$ [% v. $\Sigma (h_i \cdot x_{Mi})$] $\cdot x_{Mi}$ [mm]
1	1340	1404	64	0,15	9,60	10,67	2,07	0,31
2	0271	0349	78	0,28	21,84	13,00	4,72	1,40
3	0416	0520	104	0,44	47,84	17,33	10,33	4,75
4	9713	9857	144	0,70	100,80	24,00	21,77	15,24
5	2731	2832	101	1,00	101,00	16,83	21,81	21,81
6	0815	0874	59	1,33	78,47	9,83	16,94	22,53
7	1700	1729	29	1,76	51,04	4,83	11,02	19,40
8	2790	2802	12	2,22	26,64	2,00	5,75	12,77
9	1212	1219	7	2,74	19,18	1,17	4,14	11,34
10	0041	0043	2	3,32	6,64	0,33	1,43	4,75
11	7002	7002	—	3,95	—	—	—	—
12	5362	5362	—	4,64	—	—	—	—
			$\Sigma = 600$		$\Sigma = 463,05$			$\Sigma = 114,30$

$$zmF = \frac{463,05}{600} = 0,772 \text{ mm} \approx 0,77 \text{ mm} \qquad lmF = \frac{114,30}{463,05} = 1,143 \text{ mm} \approx 1,14 \text{ mm}$$

Als Rückprojektor setzen wir den Meßprojektor MP 320 vom VEB Carl Zeiss Jena bei 50facher Vergrößerung ein. Die Präparatherstellung entfällt, da lediglich eine Fasersuspension von ca. 200 mg/l bereitgestellt werden muß. Die visuell-manuelle Auswertung erfolgt mit einem Abrollmeßrad, dessen Winkelweg mit einer diskreten optischen Lichtschranke abgetastet wird. Die Auflösung beträgt auf dem Projektionsschirm 1 mm, das entspricht $^1/_{50}$ mm Faserlänge und ist ausreichend genau. Die Faserlänge liegt hinter der Formerstufe (Bild 3) des Meßrads als Impulsrate „Länge" vor. Das Ende der Faser wird mit einer speziellen Zeitlogik bestimmt. Vom frequenzeinstellbaren Generator G aus werden ca. 4 Impulse/s an einen in der Logik eingebauten Zähler gegeben, der nur bis „2" zählen kann, aber von jedem Impuls der Impulsrate „Länge" auf „0" zurückgestellt wird. Tritt in der Impulsrate „Länge" eine zeitliche Lücke von größer als 0,25 s auf, so wird der Wortendeimpuls ausgegeben, der die Speicherung (set) und die Rückstellung (reset) einleitet. Die Impulsrate

Tabelle 2. Vereinfachung der Berechnung durch Anwendung einer Tabelle A, B, C

i	Zählwerk h_{iI}	Zählwerk h_{iII}	h_i	A	B	C (Häufigkeitsverteilung [%])	$\frac{B}{\Sigma B} \cdot 100$ (Längenverteilung [%])
1	1340	1404	64	2	16	11	2
2	0271	0349	78	10	36	13	5
3	0416	0520	104	37	80	17	10
4	9713	9857	144	118	168	24	22
5	2731	2832	101	168	168	17	22
6	0815	0874	59	173	131	10	17
7	1700	1729	29	149	85	5	11
8	2790	2802	12	99	44	2	6
9	1212	1219	7	88	32	1	4
10	0041	0043	2	37	11	0	1
11	7002	7002	—	—	—	—	—
12	5362	5362	—	—	—	—	—
				881	771	$= zmF$ [mm] $\approx 0,77$	

$$\frac{ZA}{\Sigma B} = 1,143 = lmF \text{ [mm]} \approx 1,14$$

„Länge" wird einem programmierbaren digitalen Klassierer zugeführt, der eine Multivibratorkette von 10 bit darstellt. Mit dem angewendeten Programm, einer Diodenmatrix, können 13 Klassengrenzen vorprogrammiert und ausgekoppelt werden. Die den Klassierer verlassende Impulsrate enthält dann die Information „Klassennummer", weil beim Übergang von Klassengrenze zu Klassengrenze je ein Impuls entsteht. In der nachfolgenden Weiche, einem 4-bit-Zähler, können bis zu 16 Klassen identifiziert werden. Die Zählimpulse für die Klassenhäufigkeit werden wiederum über eine Diodenmatrix den Klassenzählern zugeführt, im vorliegenden Falle 12 Klassen im Bereich zwischen 0,1 und 5 mm Faserlänge. Anzahl, Länge und Klassennummer werden separat auf Zählern angezeigt und können über Drucker oder Streifenlocher registriert werden. Diese universelle Meßanlage wird außer für Faserlängenmessung auch für textile Messungen und zur fotografischen Meßbildauswertung eingesetzt. Dabei kann natürlich die erwähnte Zeitlogik außer Kraft gesetzt werden. Über den möglichen Lochstreifenanschluß ist eine sehr genaue und produktive Rechnerauswertung möglich.

Sollte man zeitweilig an eine Eingliederung dieser Meßmethode der manuellen Faserlängenmessung in die

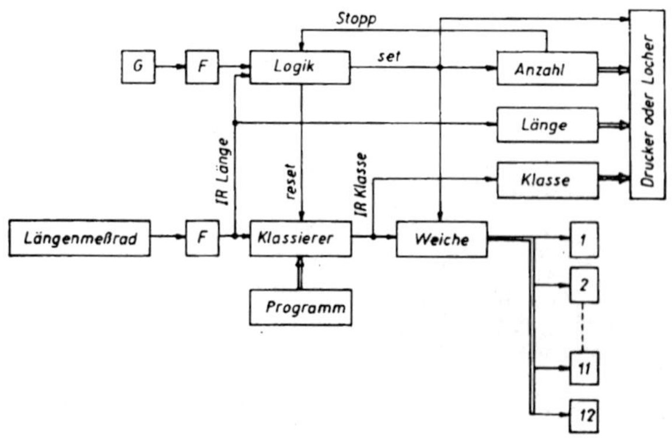

Bild 3. Funktionsblockschaltbild der digitalen Informationserfassungsanlage für Projektionsbildauswertung (Stand 1974)

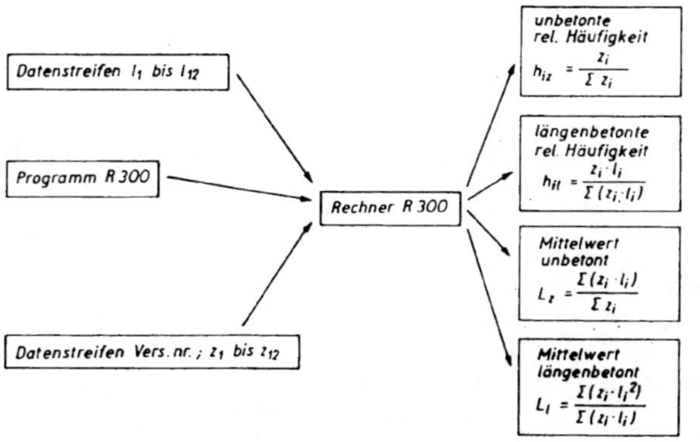

Bild 4. Programmablaufplan für die EDV-Berechnung von Faserlängenkennwerten

Prozeßkontrolle denken, dann ist die elektronische Datenverarbeitung unablässig.

Als Eingangsinformationen (Bild 4) für die Analyse sind nur Versuchsnummer und absolute Häufigkeit z_1 bis z_{12} notwendig. Mit dem im Rechner stehenden Programm und den Klassenmittellängen l_1 bis l_{12} sind die maßgebenden Faserlängenkennwerte zu berechnen. Hier sollen die gültigen Algorithmen noch einmal in der heute üblichen Form der Begriffsbestimmung nach TGL 0-53815 vorgestellt werden:

a) Die *unbetonte relative Häufigkeit* entspricht der „relativen Häufigkeitsverteilung" nach [2] und bezeichnet die relative Anzahl in den Klassen.

b) Die *längenbetonte relative Häufigkeit* entspricht der relativen Längenverteilung nach [2] und bezeichnet die relative Längensumme in den Klassen.

c) Der *unbetonte Mittelwert* entspricht der zahlenmäßig mittleren Faserlänge nach [2].

d) Der *längenbetonte Mittelwert* entspricht der längenmäßig mittleren Faserlänge nach [2], dem technologisch informativen Kennwert für die Faserlänge.

Die EDV-Auswertung benötigt bei Lochstreifeneingabe von Versuchsnummer und absoluter Häufigkeit z. B. im R 300 5 s Rechenzeit pro Analyse. Ein moderner Prozeßrechner bewältigt dieses Programm in der halben Zeit.

2. *Automatische Bestimmung der Faserdimensionen am Lichtspalt*

Um die Anforderung eines on-line-Meßwertgebers für die vollautomatische Erfassung der Faserdimensionen zu erfüllen, befaßten wir uns ebenfalls damit, auf optisch-elektronischem Wege Informationen über die Morphologie der Faserteilchen zu bekommen, indem wir die Fasern bei einer Konzentration von 50 mg/l durch eine konische Kapillare von rund 0,8 mm Minimaldurchmesser spülten und an einer Lichtschranke das Zeitverhalten der Lichtschwächung als Urinformation erhielten [3]. Aus diesem Signal konnte vor allem die Faserlänge und ihre Verteilung abgeleitet werden. Besonders markante Abweichungen, wie Splitteranteil, sind gut nachweisbar. Die Genauigkeit der Faserbreitenbewertung hängt aber sehr stark von den Beleuchtungsbedingungen ab. Die Anwendung der Dunkelfeldbeleuchtung brachte bessere Ergebnisse.

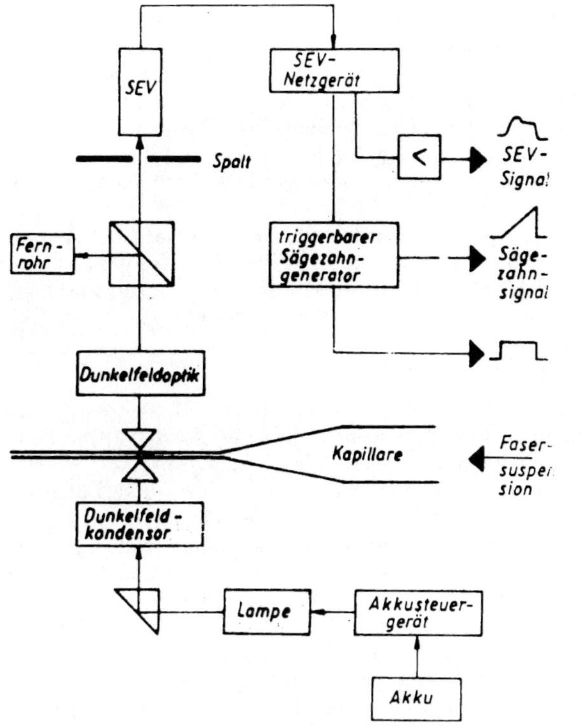

Bild 5. Funktionsblockschaltbild für die automatische Faserlängenanalyse am Lichtspalt (Stand 1964)

Bild 5 zeigt den Prinzipaufbau für die automatische Faserlängenanalyse nach *E.-W. Unger* [3] am Lichtspalt. Im konischen Teil der Kapillare wirkt eine nach der Mitte der Kapillare gerichtete Beschleunigungskraft, die die Fasern entsprechend der vorgegebenen Konzentration vereinzelt und in Längsrichtung ausrichtet. In dieser für eine automatisierte Messung geeigneten Lage passieren die Teilchen eine optische Meßstelle. Hinter einem quer zur Transportrichtung des Faserstoffs aufgebauten Spalt ist ein hochempfindlicher Fotodetektor, hier ein Sekundärelektronenvervielfacher, aufgebaut, der die Lichtschwankungen am Spalt in eine weiterverarbeitbare analoge Spannung verwandelt. Unmittelbar über dem Nullwert wurde ein Trigger angesetzt, der einen Sägezahn konstanten Anstiegs erzeugt. Die Höhe des Sägezahns ist ein Maß für die Länge des Teilchens, vorausgesetzt, daß die Geschwindigkeit der Teilchen während der Messung konstant und gleich ist. Das Signal konnte infolge Fehlens jeglicher schneller Auswert- und Speichergeräte nur fotografisch festgehalten und nachträglich sensitometrisch ausgewertet werden. Bild 6 zeigt das Beispiel eines Faserkonturen-

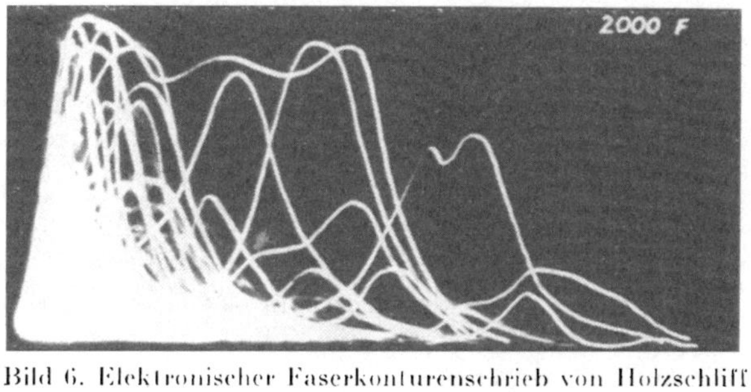

Bild 6. Elektronischer Faserkonturenschrieb von Holzschliff am Lichtspalt

schriebs von Holzschliff, bei dem der erwähnte Sägezahn auf die x-Achse und das analoge Sekundärelektronenvervielfacher-Signal auf die y-Achse geschrieben wurde. Die fotografische Registrierung enthält 2000 Fasern und Teilchen. Die vereinzelten Abweichungen nach rechts oben konnten durch Vergleich mit dem durch die Kapillare bewegten Faserstoff als Splitter nachgewiesen werden.

Diese Arbeit wurde auf dem Gebiet der Textilprüfung zusammen mit *R. Mikut* [4] weitergeführt und durch eine Studie zur Anwendung des Lichtpunktabtastverfahrens für textile Meßzwecke erweitert.

3. *Zum Stand der Technik*

Hier ist zunächst eine Arbeit von *Mannström* [5] zu nennen, der die soeben gezeigte Lichtspaltmethode dahingehend verbesserte, daß er einerseits polarisiertes Licht einsetzte und damit die Wasser- und Füllstoffstörungen umging und der außerdem am Doppellichtspalt arbeitete und mit der Längenmessung eine Geschwindigkeitsmessung vereinigte, so daß der Meßfehler durch veränderte Geschwindigkeit kompensiert werden kann. In der Tat ist zu beachten, daß die Geschwindigkeit einem Strömungsparaboloid folgt. Am Rand der Kapillare strömende Fasern haben dadurch eine kleinere Geschwindigkeit und werden bei der Längenbewertung ohne Geschwindigkeitskompensation als zu lang bewertet. Das Bild 7 zeigt eine eigene Darstellung des von *Mannström* beschriebenen Meßgeräts. Dem üblichen Aufbau eines Polarisationsmikroskops mit ähnlicher Kapillare, wie bei unserer Anlage, folgen die beiden Fotodetektoren an den beiden Spalten. Aus der Zeitverzögerung der beiden äquivalenten Signale der Fotodetektoren wird die Geschwindigkeit des Teilchens und aus einem der beiden Fotodetektorensignale und einem Zeitnormal wird die Länge des Teilchens bestimmt. Die korrigierte Länge ergibt sich durch analoge Produktbildung von gemessener Länge und Geschwindigkeit. Das resultierende Signal ist in seiner Höhe der wirklichen Faserlänge direkt proportional und wird in einem Impulshöhenanalysator auf Häufigkeit ausgewertet. Vom Funktionsprinzip her ist dieser Impulshöhenanalysator als eine vielkanalige Kette von Trigger, Zähler und Abfrageeinheit zu verstehen, hier mit 128 Kanälen bestückt.

Das Problem der Vereinzelung der Fasern kann umgangen werden, wenn man die optische Meßstelle auf

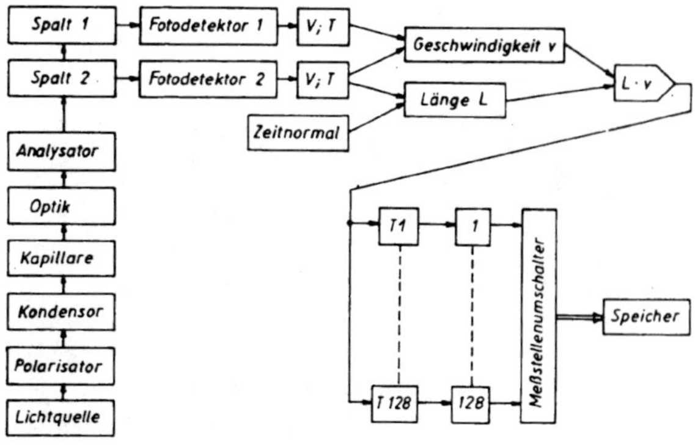

Bild 7. Automatische Faserlängenanalyse am Doppel-Lichtspalt nach *Mannström*

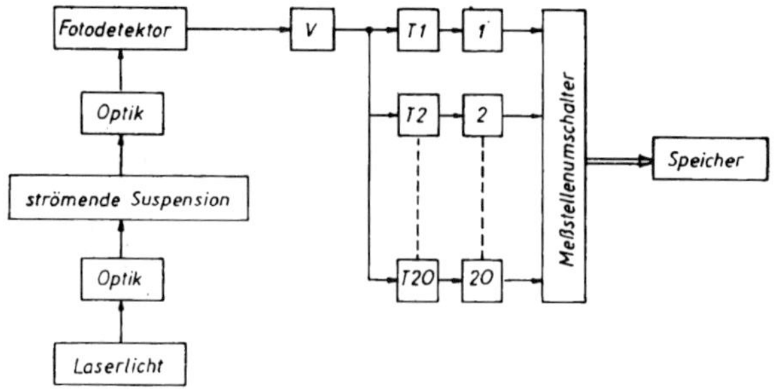

Bild 8. Automatische Faserbreitenanalyse am unbewegten Lichtpunkt nach *Hill*

einen eng begrenzten Lichtpunkt reduziert und diesen Lichtpunkt räumlich in eine strömende Suspension projiziert. Wird dieser Lichtpunkt von einem Stoffteilchen durchströmt, so entsteht eine intensive Lichtstreuung, deren Zeitverhalten der Form des Teilchens statistisch analog ist. Dieses Verfahren für die Nutzwasserbewertung, auch schon in der DDR vorgestellt, wurde von *Hill* [6] für die Bewertung der Fasermorphologie beschrieben (Bild 8). Um einen sehr kleinen Lichtpunkt zu erzeugen, wird eine streulichtfreie intensive Lichtquelle gefordert; diese Bedingungen erfüllt eine Laser-Lichtquelle in idealer Form. Dieses Laserlicht wird mit einer Optik zu einem Lichtpunkt in eine von Stoffteilchen durchströmte Glasröhre von ca. 8 mm Durchmesser focussiert. Das Streulicht wird unter 90°, bezogen auf die Einstrahlungsrichtung, über eine weitere Optik gesammelt und einem Fotodetektor zugeführt.

Wie schon bei *Mannström* erläutert, gelangen die gemessenen Lichtimpulse über einen Verstärker auf eine analoge Triggerkette, hier mit 20 Kanälen ausgerüstet, und werden ihrer Höhe entsprechend in einem Register eingeordnet. Die so entstehende Häufigkeitsverteilung ist nach *Hill* ein Maß für die Breite der Fasern.

Welche Schlußfolgerungen kann man aus dem bisher Gesagten ziehen? Die Vereinzelung der Fasern in einer Kapillare mit konischem Zulauf richtet die Faser in Strömungsrichtung aus und gestattet so eine optische Bewertung der morphologischen Daten. Nur die Länge kann einfach am Lichtspalt gemessen werden. Der Einfluß der durch das Strömungsprofil verursachten Geschwindigkeitsverteilung ist zu beachten. Die Meßproduktivität hängt von der Anzahl der Teilchen ab, die pro Zeiteinheit an der Meßstelle vorbei strömen, also von Strömungsgeschwindigkeit und Stoffdichte. Mit steigender Stoffdichte wächst aber auch die Verstopfungswahrscheinlichkeit. Man kann daraus folgende Forderungen ableiten:

a) Länge, Breite und partielle Lichtdurchlässigkeit als Funktion der Dicke einer in der Kapillare strömenden Faser sind visuell erfaßbar und müssen deshalb auch meßbar sein.
b) Das Strömungsgeschwindigkeitsprofil ist eine Funktion des Strömungsverhältnisses in der Kapillare und damit in Anbetracht der geringen Stoffdichte stoffunabhängig, kann also statistisch eleminiert werden, wenn man dieses Profil einmalig bestimmt.

c) Die maximale Meßproduktivität ist ein Optimum aus Stoffdichte und Verstopfungswahrscheinlichkeit. Die Verstopfung ist also einzukalkulieren und muß apparativ durch automatische Rückspülung behoben werden können.
d) Es besteht die Aufgabe, das Abtastprinzip mit bewegtem Lichtpunkt auf seine Zweckeignung zur Beschreibung der Fasermorphologie bezüglich Länge, projizierter Fläche und Volumen jedes einzelnen Teilchens zu untersuchen.

4. Automatische Bestimmung der Faserdimensionen am bewegten Lichtpunkt

Von diesem Verfahren erwarten wir eine präzisere Beschreibung der Dimensionen der Fasern.

4.1. Ziel

Die in Strömungsrichtung bewegte Faser wird senkrecht zur Strömungsrichtung periodisch mit einem projizierten bewegten Lichtpunkt, also in ihrer projizierten Fläche, zeilenförmig abgetastet. Das Ziel besteht bei der Anwendung dieser Methode darin, neben der Information über die Faserlänge auch Informationen über die Flächenausdehnung der Faser und über die partielle Transmission Informationen über das Volumen der Faser zu bekommen.

4.2. Fasertransport

Im Bild 9 ist das Prinzip des Faserflusses durch die Kapillare dargestellt. Von oben wird der Faserstoff kontinuierlich zugeführt. Die Stoffdichte liegt zwischen 200 und 500 mg/l. Bei dieser Verdünnung kann der Faserstoff z. B. in einer $^1/_2$-Zoll-Leitung mehr als 100 m von der Entnahme- zur Meßstelle geführt werden. So können beliebig viele Entnahmestellen zentral vereinigt werden; das im Bild 9 dargestellte Zulaufrohr kann selbsttätig eine der Zuführungsleitungen nach dem Revolverprinzip anwählen. Das Rohr ragt in eine Mischkammer, der über ein Drosselventil von links Frischwasser zur Verdünnung beigemischt wird. Die geforderte schnelle Durchmischung kann mit einem Magnetrührer unterstützt werden. Von diesem Gefäß aus gelangt die verdünnte Suspension sofort in die Meßkapillare, um die durch die Strömung verursachte Totzeit im Bereich von wenigen Sekunden zu halten. Das Mischgefäß hat einen Überlauf und bestimmt dadurch gleichzeitig das obere hydrostatische Druckniveau. Nach Durchlaufen der Meßstelle wird die Suspension über ein Fallrohr abgesaugt. Der Fallrohrüberlauf bestimmt das untere Niveau, so daß sich die hydrostatische Druckdifferenz $p = \varrho \cdot g \cdot h$ einstellt. Die optimale Stoffverdünnung wird von der an die optische Meßstelle angekoppelten Auswertelektronik errechnet und über den Stellmotor des links im Bild angeordneten Verdünnungswasserventils rückgekoppelt. Wenn die Kapillare verstopft, wird das ebenfalls von der Auswertelektronik erkannt und über die Injektorrückspülung, rechts im Bild 9 dargestellt, behoben. Ein Magnetventil wird automatisch geöffnet und drückt den Faserstoffpfropfen aus der Kapillare durch das links angeordnete Mischgefäß in den Überlauf. Das zwischen Magnetventil und Injektor angeordnete Drosselventil wird so justiert, daß die Wassersäule im Fallrohr während der Rückspülung nicht abreißt. Die Zeit der Unterbrechung des Meßvorganges dauert bei Verstopfung nur ca. 5 s.

4.3. Das Meßsystem

Das Meßsystem wird im Bild 10 gezeigt. Der Lichtpunkt wird nach dem Prinzip des umgekehrten Mikroskops in der Abbildungsebene auf einer Oszillographenröhre, dem Lichtpunktgeber, erzeugt und über das abbildende System Okular-Mikroskopobjektiv in der Objektebene, also in der Kapillare, real abgebildet. Der Weg des Lichtpunkts kann durch Schatter an der Oszillographenröhre eindeutig begrenzt und innerhalb der Grenzen der Kapillare abgebildet werden. Mit einem halbdurchlässigen Spiegel messen wir die Zeilenlaufzeit des Lichtpunktes über dem Fotodetektor 1. Der unter der Kapillare im Mikroskop angeordnete Kondensor sammelt das Licht, d. h. den transmittierten Lichtpunkt, und sendet ihn unabhängig von seiner jeweiligen Lage in den Fotodetektor 2.

Das gesamte Meßsystem wird von einer zentralen Mutterfrequenz gesteuert. Eine Driftkompensation sorgt für eine genaue digitale Kalibrierung des Lichtpunktwegs.

Neben dieser Mutterfrequenz *F 0* stehen für die Informationserfassung also nur die beiden analogen Fotodetektorsignale zur Verfügung. Nach dem Trigger *T 0* für Fotodetektor 1 und Trigger *T 1* bis *T 3* für Fotodetektor 2 sind alle Urinformationen diskret und stehen als Binärsignale für die digitale Weiterverarbeitung bereit.

Rechts im Bild sind die aus den genannten Primärinformationen zu berechnenden Funktionen und

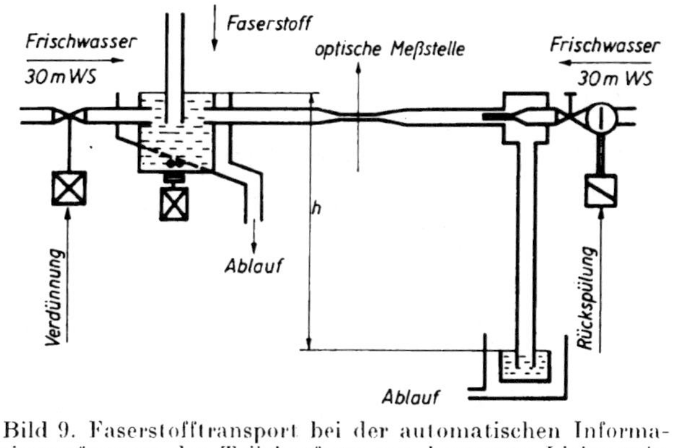

Bild 9. Faserstofftransport bei der automatischen Informationserfassung der Teilchenform am bewegten Lichtpunkt

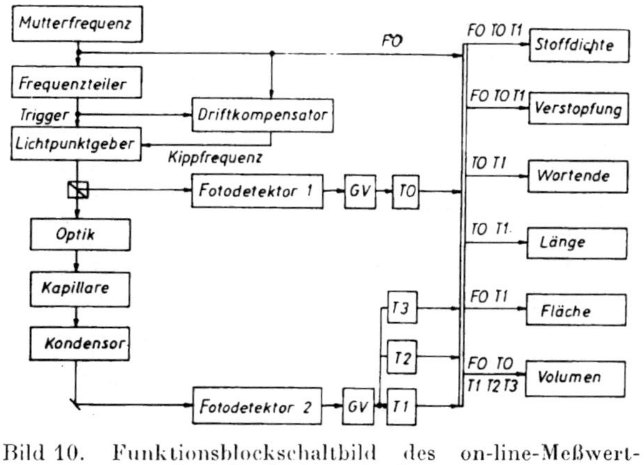

Bild 10. Funktionsblockschaltbild des on-line-Meßwertgebers für Lichtpunktabtastung

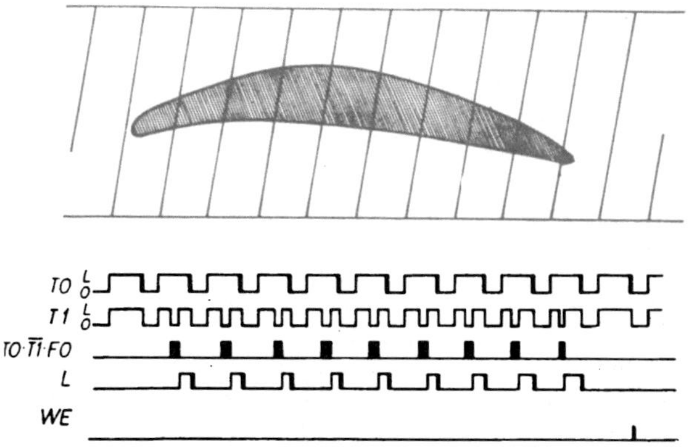

Bild 11. Informationserfassung mit Lichtpunktabtastung

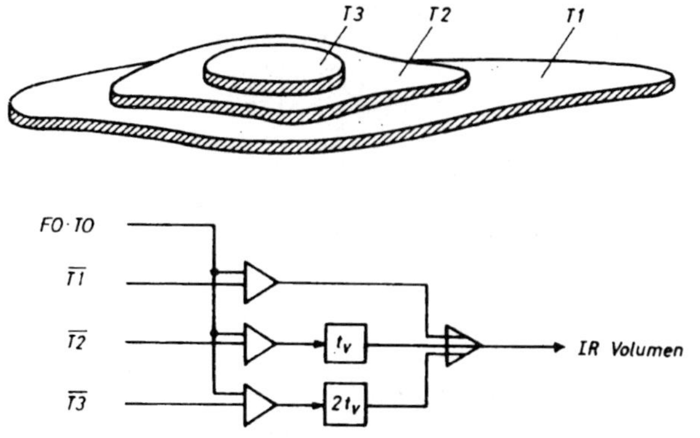

Bild 12. Funktionsprinzip für die Erfassung der Information Faservolumen

morphologischen Informationen angeführt. Betrachten wir sie einmal von oben nach unten:

Aus den Urinformationen *T 0* und *T 1* kann die optimale Stoffverdünnung berechnet werden. Der Indikator „*Stoffdichte*" steuert das im Bild 9 gezeigte Verdünnungsventil und bildet so einen Regelkreis.

Mit denselben Urinformationen kann der Indikator „*Verstopfung*" das besagte Ereignis erkennen und steuert das bereits erläuterte Magnetventil.

Im Bild 11 ist das Prinzip der Lichtpunktabtastung an einer Faser, die im oberen Bildteil stilisiert eingezeichnet wurde, dargestellt. Die Faser strömt von rechts nach links (negative *X*-Richtung). Der Lichtpunkt bewegt sich auf einer nicht veränderbaren Bahn senkrecht zur Strömungsrichtung (*Y*-Richtung). Diese Relation kann in einer Skizze wiedergegeben werden, wenn man die bewegte Faser als feststehend darstellt und die Zeilenabtastung entsprechend der üblichen Darstellung über der Zeit in *X*-Richtung aufträgt. Die Faser ist oben und unten begrenzt durch die Ränder der Kapillare. Außerdem ist die Spur des Lichtpunktes eingezeichnet, der entsprechend dem Teilchenvorschub und der Zeilenfrequenz die Faser mehrfach schneidet. Unter diesem Bild sind die Binärsignale *T 0* und *T 1* skizziert. Um Informationen über Länge, Fläche und Volumen der Faser zu erhalten, ist es notwendig, eine logische Bedingung für das Wortende, d. h. das Ende einer gemessenen Faser, zu formulieren und im Indikator „*Wortende*" zu programmieren. Solange sich eine Faser im Bereich des Lichtpunkts befindet, d. h. bei Zeilendurchlauf von der Faser teilweise absorbiert wird, wird diese Bedingung am Trigger 1 wirksam. Wenn Trigger *T 0* und Trigger *T 1* miteinander korrespondieren, dann ist das Wortende in dem Moment erkennbar, wenn erstmalig beim Durchlauf des Lichtpunkts über die Zeile der Trigger *T 1* nicht mehr die Absorption anzeigt. Sofort nach Beendigung dieses Lichtpunktdurchlaufs, vom Trigger *T 0* angezeigt, wird der Wortendeimpuls ausgegeben, wie in der unteren Zeile dargestellt.

Wie entsteht die Information über die *Faserlänge*? Ein spezieller Indikator zählt die Zeilendurchläufe mit Absorption durch die Faser und wirft diese Information jeweils bei Wortende aus. Die jeweilige Faserlänge wird auf diese Weise wiederum, wie eingangs für das Fasermeßrad erläutert, als Impulsrate gemessen und kann in der bereits erwähnten Auswertanlage gespeichert werden.

Die Fläche einer Faser, genauer gesagt, die projizierte Fläche, wird mit dem Indikator „*Fläche*" in der Weise gemessen, daß die Binärinformationen *T 0*, *T 1* und *F 0* miteinander multipliziert und wiederum als Impulsrate gezählt werden. Diese gebildete Meßgröße ist, dargestellt in der Skizze von Bild 11, die Längensumme der von der Faser abgedeckten Spuren des Lichtpunkts. Die Auswertung kann wie bei der Faserlänge erfolgen.

Das *Faservolumen* kann mit diesem zweidimensionalen optischen Meßprinzip natürlich direkt nicht gemessen werden. Da die Lichtpunktabtastung aber im Hellfeld vorgenommen wird, zeigt das Signal des Fotodetektors 2 ein Maß für die partielle Transmission an, die wiederum ein Maß für die Dicke einer Faser ist (Bild 12). So wird ein Schleimstoffteilchen, z. B. ein dünnwandiger Fibrillenstrang, eine kleinere Absorption erzeugen, also nur den niedrig eingestellten Trigger 1 ansprechen lassen, wogegen ein Zellstoffsplitter z. B. eine hohe Absorption bewirkt und damit einen höher eingestellten Trigger noch ansprechen läßt. Dieses Bild zeigt das Modell einer Isoklinendarstellung für gleiche Transmission der Niveaus *T 1* bis *T 3*. Wählt man diese Niveaus so aus, daß eine sinnvolle Relation zwischen Volumen und Niveau entsteht, dann kann ein einfache Echtzeitinformationserfassung nach der unten im Bild angegebenen Logik realisiert werden. Die Flächeninformationen der drei Scheibchen wird praktisch zur Information „Volumen" addiert.

In Bild 13 wird, angelehnt an das Bild des Informationssystems für die Projektionsbildauswertung, die

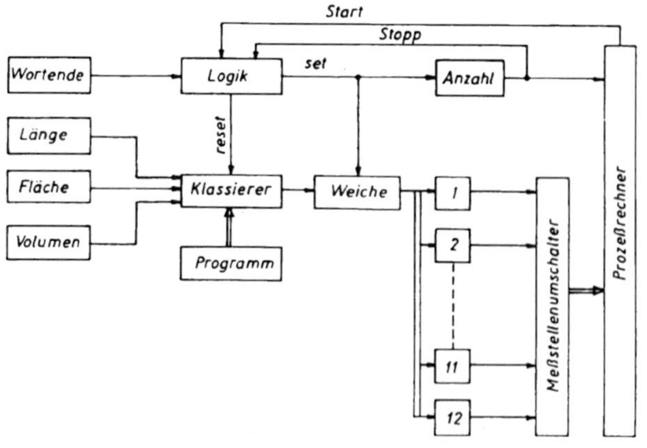

Bild 13. Funktionsblockschaltbild der on-line-Verarbeitung der Lichtpunktinformationen

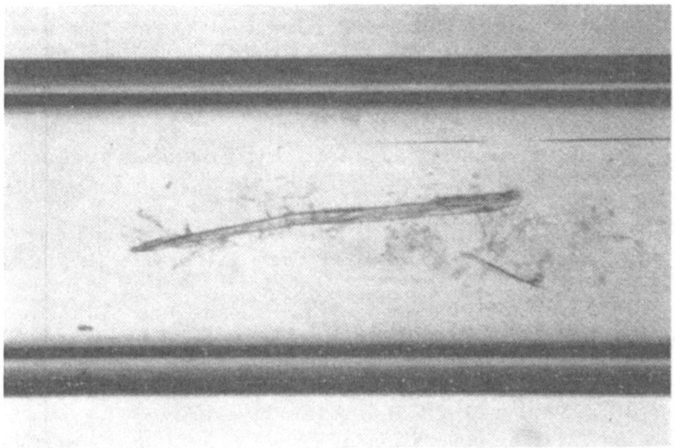

Bild 14. Holzfaser in der Strömungskapillare (Innendurchmesser der Kapillare 1,1 mm)

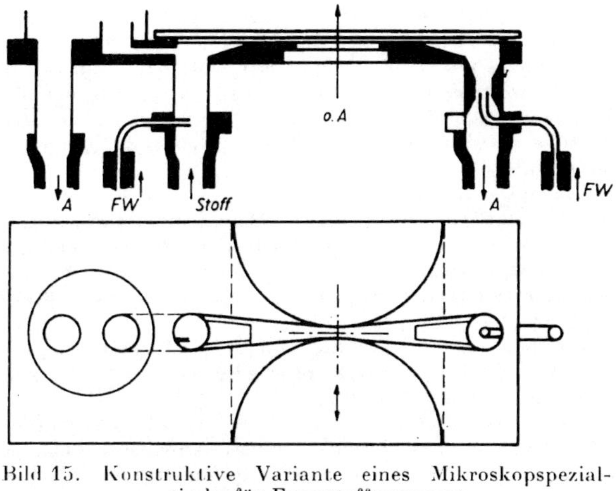

Bild 15. Konstruktive Variante eines Mikroskopspezialtischs für Faserstofftransport

mögliche on-line-Verarbeitung der Lichtpunktinformationen bis zum Prozeßrechner gezeigt. Die Häufigkeitsverteilung der morphologischen Informationen Länge, Fläche und Volumen werden hier automatisch abgefragt und vom Prozeßrechner zu technologisch repräsentativen Informationen verdichtet.

Die Meßgeschwindigkeit der Anlage hängt nicht vom Informationserfassungsprinzip ab und ist deshalb in der gleichen Größenordnung wie bei der Lichtspaltabtastung, also bei ca. 50 bis 100 Fasern/s. Eine Taktzeit von 60 s pro Messung scheint real.

Bild 14 zeigt das Foto einer Zellstoff-Faser in der Strömungskapillare, hier bei einer Strömungsgeschwindigkeit von ca. 1 m/s mit einem Funkenblitz der Leuchtzeit von 10^{-6} s fotografiert. Mit diesem Bild soll demonstriert werden, daß die optische Auflösung trotz Schärfentiefen- und Ausleuchtungsschwierigkeiten an der Kapillare ausreicht, um morphologische Einzelheiten visuell zu erkennen und damit auch elektronenoptisch zu erfassen.

Bild 15 zeigt eine Konstruktionsvariante des Strömungs-Mikroskoptischs, die von der bisher zitierten gezogenen Glaskapillare abweicht, indem die Fasern durch Pyramiden vereinzelt und zwischen planparallelen Glasplatten ausgemessen werden. Diese Anordnung ist nach dem gleichen Grundprinzip aufgebaut, wie bereits für die Kapillare erläutert, links das Stoffzuführungs-, Misch- und Verdünnungssystem, rechts der Fallrohranschluß mit dem Rückspülinjektor. Die seitliche Begrenzung kann durch einen Verpackungsgummi realisiert werden, wie in der Draufsicht gezeigt. Die Kanalbreite kann so ganz einfach verstellt werden. Durch das Aufpressen der Glasdeckplatte wird alles fixiert und nach oben hermetisch abgedichtet.

Mit den Bildern 16 und 17 soll nachgewiesen werden, daß die morphologischen Daten Länge und Fläche in der beschriebenen Weise elektronisch umgesetzt werden können. Bild 16 zeigt, oben dargestellt, einen Holzschliffsplitter. Unten ist das vom Lichtpunkt geschriebene Bild desselben Splitters dargestellt. Das Bild entstand in der Weise, daß der Elektronenstrahl eines separaten Oszillographen in *Y*-Richtung von *T 0* getriggert und mit *T 1* hellgesteuert wurde. Die *X*-Ablenkung geschah durch dynchrone Bewegung des Faserabbildes und des Registrierfilms für den Lichtpunktschrieb. Die Faserform ist deutlich wiedererkennbar. Bild 17 zeigt eine Zellstoff-Faser oben in realer Abbildung, unten in elektronenoptischer Darstellung. Deutlich sieht man, daß neben der Form auch Lumina wiedergegeben werden können.

5. *Zusammenfassung*

Um auf rationelle Weise Informationen von den Dimensionen der Zellstoff-Fasern zu bekommen, wurde ein Verfahren zur visuell-manuellen Projektionsbildauswertung mit elektronischer Informationserfassung diskreter Impuls-

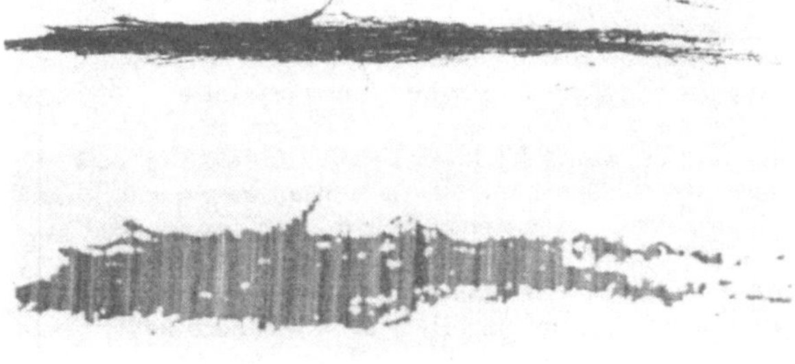

Bild 16. Holzschliffsplitter (oben) und elektronischer Lichtpunktschrieb (unten)

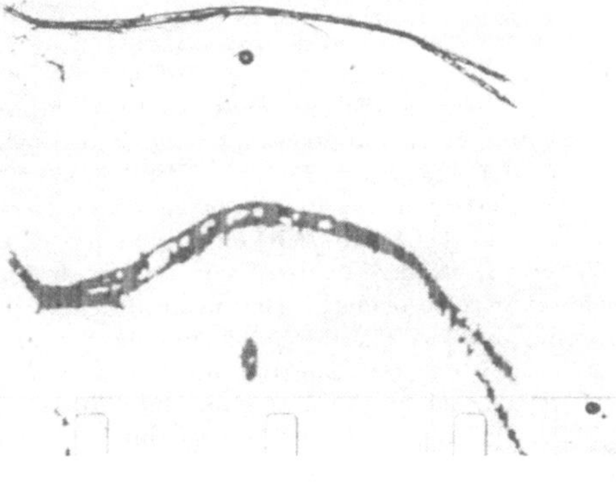

Bild 17. Zellstoff-Faser (oben) und elektronischer Lichtpunktschrieb (unten)

raten und deren digitaler Klassierung mit anschließender Häufigkeitsspeicherung entwickelt. Dieses Verfahren ist in Verbindung mit dem Meßprojektor MP 320 vom VEB Carl Zeiss Jena universell einsetzbar, u. a. auch für die Bewertung von Faserstoffen der Papierindustrie, zur Bewertung der Kräuselung von Fasern und in der Granulometrie.

Die automatische Bewertung von Zellstoff-Faserdimensionen setzt ein geeignetes hydrodynamisches Vereinzelungsverfahren voraus. Das Beschleunigungsfeld der sich konisch verjüngenden Kapillare ist dazu geeignet. An der dünnsten Stelle der Kapillare erfolgt die optische Auswertung.

Diese optische Auswertung kann am Lichtspalt erfolgen. Dieses Verfahren ist wenig aufwendig, gestattet aber nur eine längenmäßige Bewertung.

Wesentlich informationsreicher ist das Abtastverfahren mittels bewegtem Lichtpunkt, der die strömenden Fasern zeilenförmig abtastet und damit Urinformationen für die Bewertung von Länge, projizierter Fläche und über die partielle Transmission das Volumen ausgibt. Dieses Verfahren wird als on-line-Meßwertgeber weiterentwickelt.

Literatur

[1] *Unger, E.*, und *Unger, E.-W.:* Ein Beitrag zur schnellen Bestimmung der mittleren Faserlänge und der Faserlängenverteilung von Papierstoffen. Zellstoff u. Papier **12** (1963) S. 4—10; 40—45.

[2] *Jayme, G.*, und *Harders-Steinhäuser, M.:* Bestimmung der Faserlänge von Zellstoffen. In: *Freund:* Handbuch der Mikroskopie in der Technik, Bd. 5, Teil 2, S. 545. Frankfurt a. M.: Umschau-Verlag 1951.

[3] *Unger, E.-W.:* Ein Beitrag zur Bestimmung der Faserlänge von Papierfaserstoffen, Dissertation TU Dresden 1964.

[4] *Mikut, R.*, und *Unger, E.-W.:* Prüfung der Volumeneigenschaften von Texturfäden, Teil 4: Lichtpunktmethode. Dt. Textiltechnik **22** (1972) 4, S. 237—243.

[5] *Mannström, B.:* Charakterisierung des Refiner-Holzstoffes. Papier **26** (1972) 10 A, S. 657—664.

[6] *Hill, J.:* Characterization of fibre suspensions — particularly the distribution in dimensional properties. International Symposium on Paper Pulp Characterization, Ronneby, May 24—26 1971.

Eingegangen am 31. Juli 1974

Physikalisch-chemische Probleme des strahlenchemischen Abbaues von Polyäthylenterephthalat

Eligia Turska und Stefan Boryniec

Institut für Kunstfasern der Technischen Hochschule, Łódź, VR Polen

DK 678.674'524'420-416:542.921.9:539.12.044:541.24:541.15

Polyäthylenterephthalatfolien wurden mit ^{60}Co-γ-Strahlen und mit Elektronenstrahlung bestrahlt. Die Bestrahluug erfolgte bei verschiedener Dosisleistung in Anwesenheit von Luft und im Vakuum. Auf Grund der erhaltenen Ergebnisse wurde festgestellt, daß eine lineare Abhängigkeit des Kehrwertes der viskosimetrisch ermittelten rel. Molekülmasse von der absorbierten Dosis im breiten Bereich der eingesetzten Dosen vorliegt.

Физико-химические проблемы радиационно-химической деструкции полиэтилентерефталата

Пленки полиэтилентерефталата облучались γ-лучами (^{60}Co) и электронами при различной мощности дозы в воздухе и под вакуумом. При этом в широком интервале доз установлена линейная зависимость обратной величины определенного вискозиметрическим путем молекулярного веса от поглощенной дозы.

Physico-chemical Problems of Radiation Degradation of Polyethylene Terephthalate

Polyethylene terephthalate films were subjected to ^{60}Co-γ-radiation in air and vacuum at varying dose rate. A linear relationship of the reciprocal viscosimetric molecular weight and the radiation dose was observed within a large range of dose rates applied.

Änderungen, die in Hochpolymeren durch Einwirkung energiereicher, ionisierender Strahlung hervorgerufen werden, hängen von der chemischen Struktur der Makromoleküle und von den Bestrahlungsbedingungen ab. Wenn Hochpolymere von annähernd gleichem physikalischem Zustand verglichen werden und wenn die Bestrahlung unter analogen Bedingungen durchgeführt wird, kann festgestellt werden, daß der Charakter der durch Bestrahlung hervorgerufenen Änderungen der individuellen Eigenschaft eines bestimmten Typs der Makromoleküle eigen ist. Der Umfang dieser Änderungen hängt dagegen vor allem von der durch das Hochpolymere absorbierten Gesamtdosis der Strahlen ab.

Effekt der Einwirkung der ionisierenden Strahlung auf Hochpolymere im festen Zustand kann die Bildung von räumlich vernetzten Strukturen oder der Abbau sein. In vielen Fällen verlaufen diese Prozesse mit gleichzeitigem Ausscheiden von niedermolekularen Produkten, deren Art von der Natur des Hochpolymeren und von den Bestrahlungsbedingungen abhängig ist.

Polyäthylenterephthalat (PÄT) gehört zu dieser Gruppe von Hochpolymeren, die gegen Einwirkung der ionisierenden Strahlung am meisten widerstandsfähig sind. Diese Eigenschaft hängt mit dem inneren Schutzeffekt zusammen, der durch aromatische Ringe in den Makromolekülketten hervorgerufen wird, diese Ringe stabilisieren gegen energiereiche Strahlen auch die benachbarten Atomgruppierungen. Werte über den Einfluß der Strahlenausbeute für alle Arten von Umsetzungen im bestrahlten PÄT sind sehr niedrig.

Bestrahlung von PÄT kann so zum Abbau wie auch zur Vernetzung des Hochpolymeren führen. Zahlreiche Monographien [1, 2, 3] reihen zwar PÄT dieser Gruppe von Hochpolymeren an, die der Strahlenvernetzung unterliegen: es ist aber andererseits bekannt, daß Radiolyse von PÄT im breiten Bereich von absorbierter Dosis geführt werden kann, ohne die Bildung von räumlichen Strukturen in diesem Hochpolymeren [4]. Die Strahlenvernetzung von PÄT wird durch eine hohe Dosisleistung, durch Bestrahlung im sauerstofffreien Medium [5] und durch den Ordnungszustand der Struktur der Ausgangsprobe begünstigt [6].

Den chemischen Prozeß, der im bestrahlten PÄT verläuft, begleiten Änderungen in der übermolekularen Struktur des Hochpolymeren. Diese Änderungen bewirken Verringerung des Ordnungszustandes und Anwachsen des amorphen Anteils [7, 8].

Die vorliegende Arbeit befaßt sich mit der Untersuchung des Abbauverlaufs im PÄT unter Bedingungen, bei denen die Strahlenvernetzung praktisch nicht erfolgt.

Experimenteller Teil

Die Untersuchungen wurden an Folien MELINEX von ICI/England mit einer Dicke von 40 und 50 μm durchgeführt. Vor der Bestrahlung wurden die Proben mit n-Heptan und anschließend mit Aceton gewaschen und bei 70 °C bis zur Massekonstanz getrocknet. Die Folien mit einer Dicke von 40 μm wurden in einer Bestrahlungskammer mit ^{60}Co-γ-Strahlen bestrahlt. Die Aktivität der Quelle betrug 20000 Ci. Die Dosisleistung wurde durch den Abstand der Probe von der Quelle reguliert. Die Bestrahlung im Vakuum erfolgte in verschlossenen Glasampullen. Die Folien mit einer Dicke von 50 μm wurden der Elektronenstrahlung eines *Van-de-Graaff*-Beschleunigers bei einer Energie der Strahlung von 1,8 MeV ausgesetzt. Die Bestrahlung erfolgte in Anwesenheit von Luft bei verschiedener Dosisleistung.

Die rel. Molekülmassen der PÄT-Proben wurden viskosimetrisch bestimmt. Die Bestimmungen wurden mit modifiziertem Viskosimeter von *Ostwald* in der Mischung Phenol(50)/Tetrachloräthan (50) bei 20 °C ausgeführt.

Die Viskositätszahl wurde nach der Beziehung von *Frind* [9] bestimmt, die rel. Molekülmasse wurde dagegen nach der von *Skwarski* [10] angegebenen Gleichung berechnet:

$$[\eta] = 1{,}3 \cdot 10^{-4} \cdot M^{0{,}85}.$$

Ergebnisse und Diskussion

Eine mathematische Beschreibung des Verlaufs der Änderungen der rel. Molekülmasse durch Strahlenabbau wurde von *Alexander*, *Black* und *Charlesby* [11] gegeben. Es wurde darauf hingewiesen, daß der Kehrwert des Zahlenmittels der rel. Molekülmasse mit der absorbierten Dosis proportional steigt.

Die Art der Abhängigkeit der Viskositätszahl der Lösungen des bestrahlten PÄT von der absorbierten Dosis [4, 12] legt die Annahme nahe, daß der Kehrwert der viskosimetrisch bestimmten mittleren rel. Molekülmasse auch im breiten Bereich praktisch linear von der absorbierten Dosis abhängig ist. Im Zusammenhang damit stellten wir uns die Aufgabe, den Verlauf der Abhängigkeit $1/\overline{M}_v$ von der absorbierten Dosis bei verschiedenen ionisierenden Strahlungen, von dem Bestrahlungsmedium und der Dosisleistung genau zu untersuchen.

Die Werte $10^6/M_v$ in Abhängigkeit von der absorbierten Dosis für die in Anwesenheit von Luft und im Vakuum mit ^{60}Co-γ-Strahlen bestrahlten PÄT-Folienproben sind im Bild 1 dargestellt.

Der Vergleich des Strahlenabbaus der Folie aus PÄT in Anwesenheit von Luft und im Vakuum weist darauf hin, daß keine wesentlichen Unterschiede im beobachteten Prozeßverlauf vorliegen. Der schnellere Abbau in Anwesenheit von Luft kann durch den zusätzlichen Einfluß der in diesem Fall sich bildenden Peroxid-

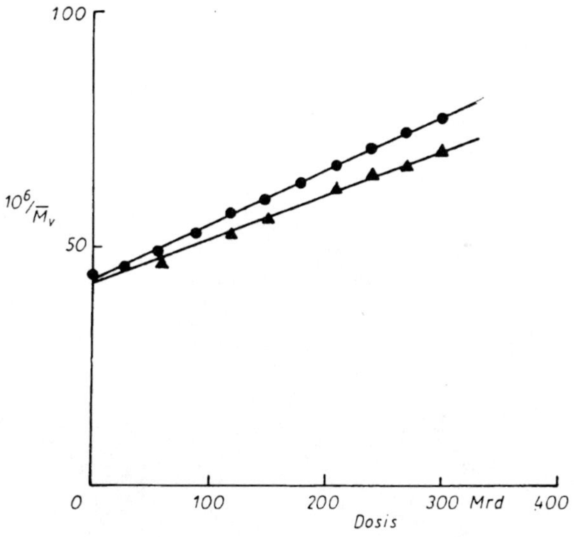

Bild 1. Abhängigkeit zwischen $10^6/\overline{M}_v$ und der absorbierten Dosis für Folie „MELINEX", 40 μm, ^{60}Co-γ-Strahlung, Dosisleistung 1 Mrd/h.

● ● ● — Proben, bestrahlt in Anwesenheit von Luft
▲ ▲ ▲ — Proben, bestrahlt im Vakuum

gruppen auf den Kettenbruch in Makromolekülen erklärt werden.

Wir haben auch den Verlauf der Abhängigkeit des Kehrwertes der rel. Molekülmasse der bestrahlten Proben von den absorbierten Dosen in Anwesenheit von Luft bei Anwendung von zwei verschiedenen Dosisleistungen der ^{60}Co-γ-Strahlung und drei verschiedenen Dosisleistungen der Elektronenstrahlung untersucht. Ergebnisse für γ-Strahlung gibt Bild 2, für Elektronenstrahlung Bild 3.

Wie aus Bild 2 und Bild 3 ersichtlich ist, ist der lineare Verlauf der Änderungen $10^6/\overline{M}_v$ als Funktion der absorbierten Dosis nur für niedrige Dosen bei geringen Dosisleistungen der ^{60}Co-γ-Strahlung vorhanden. Für Elektronenstrahlung ist dagegen der lineare Charakter des Verlaufs von Kehrwert $\overline{M}_v$ im ganzen Bereich der angewandten Dosen (bis 500 Mrd) beibehalten. Diese Tatsache kann dadurch erklärt werden, daß bei geringen Dosisleistungen die Bestrahlung mit großen Dosen sehr lange Zeit (Wochen bis Monate) erfordert. In solch langer Zeitperiode können in der Bestrahlungskammer äußere Bedingungen mehrmals geändert werden, und die beobachteten Schwankungen können durch diese Änderungen hervorgerufen werden. Es ist zu sehen, daß diese Einflüsse deutlicher für geringere Dosisleistungen auftreten.

Im Falle der Elektronenstrahlung wird eine gewisse Erhöhung des Abbaues mit dem Steigen der Dosisleistung beobachtet. Dies kann durch zusätzliche Wärmeeffekte bei großen Dosisleistungen erklärt werden. Die Wärmeeffekte können den Abbau des Polymeren beschleunigen.

Durch die hier dargestellten experimentellen Ergebnisse kann die Abhängigkeit zwischen der viskosimetrisch ermittelten mittleren rel. Molekülmasse und der

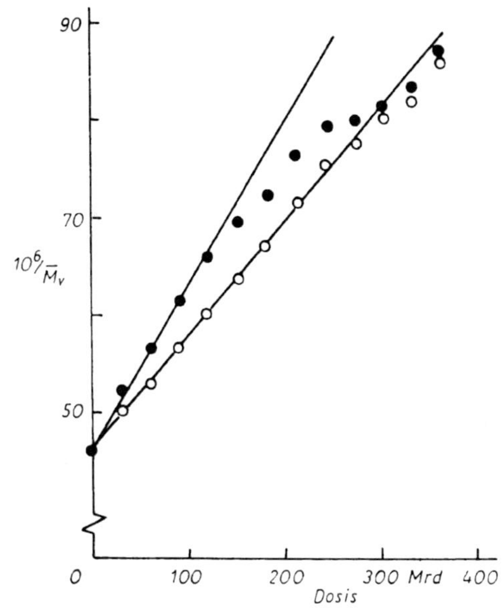

Bild 2. Abhängigkeit zwischen $10^6/\bar{M}_v$ und der absorbierten Dosis für Folie „MELINEX", 50 µm, ^{60}Co-γ-Strahlung.

• • • — Dosisleistung 0,125 Mrd/h
○ ○ ○ — Dosisleistung 0,250 Mrd/h

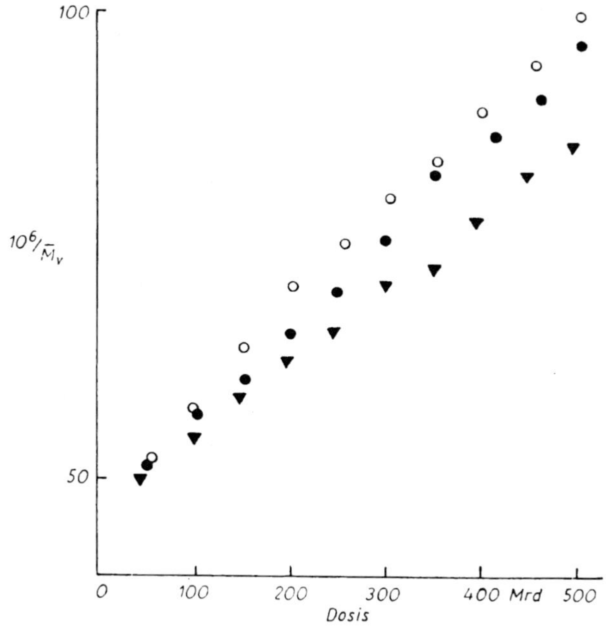

Bild 3. Abhängigkeit zwischen $10^6/\bar{M}_v$ und der absorbierten Dosis für Folie „MELINEX", 50 µm, Elektronenstrahlung.

▼ ▼ ▼ — Dosisleistung 360 Mrd/h
• • • — Dosisleistung 7[illegible]0 Mrd/h
○ ○ ○ — Dosisleistung 11[illegible] Mrd/h

absorbierten Dosis für die PÄT-Folie wie folgt dargestellt werden:

$$M_{vD} = \frac{10^6}{\frac{10^6}{\bar{M}_{vO}} + a \cdot D};$$

hierbei bedeuten:

$\bar{M}_{vO}, \bar{M}_{vD}$ = viskosimetrisch ermittelte mittlere rel. Molekülmasse der Ausgangsprobe ($\bar{M}_{vO}$) und der Probe, welche die Dosis D absorbiert hat ($\bar{M}_{vD}$),

a = Richtungsfaktor der Geraden im System

$$\frac{10^6}{\bar{M}_v} = f(D).$$

Wenn die adsorbierte Dosis in Mrd eingesetzt wird, so wird ein Wert für den Richtungsfaktor für PÄT-Folie im Bereich von 0,08 bis 0,16 erhalten. Dieser Wert hängt von der Art der Strahlung, von dem bei der Bestrahlung anwesendem Medium und von der Dosisleistung ab.

Literatur

[1] *Bovey, F. A.:* The effects of ionizing radiation on natural and synthetic high polymers. New York/London: Interscience Publishers 1958.

[2] *Charlesby, A.:* Atomic radiation and polymers. Pergamon Press 1960.

[3] *Chapiro, A.:* Radiation chemistry of polymeric systems. New York/London: Interscience Publishers 1962.

[4] *Turner, D. T.:* Radiation chemistry of PET. From 150th Amer. Chem. Soc. National Meeting, Pittsburgh. 1966.

[5] *Sofue, H., Tabata, V.* und *Hiraoka, M.:* Kogyo Kagaku Zasshi **64** (1961) S. 372.

[6] *Mikhailov, N. W., Tokareva, L. G., Bratschenko, T. D., Karpov, W. L.* und *Malinskij, J. M.:* Effects of γ-radiation on synthetic fibres: Proc. of II. National Meeting on radiation Chemistry. Moskva 1962.

[7] *Slovokhotova, N. A., Sadovskaya, G. K.,* und *Kargin, V. A.:* Einwirkung von schnellen Elektronen auf die Struktur des Polyäthylenterephthalats. Vysokomol. Soed. (Hochmol. Verbind.) **3** (1961) S. 515—520.

[8] *Włochowicz, A., Turska, E.,* und *Boryniec, S.:* Über den Einfluß ionisierender Strahlung auf Struktur und mechanische Eigenschaften von Polyäthylenterephthalat. Faserforsch. u. Textiltechnik **21** (1970) 2, S. 55 bis 60.

[9] *Frind, H.:* Die Bestimmung der Grundviskosität von Polyäthylenterephthalat-Lösungen. Faserforsch. u. Textiltechnik **5** (1954) 7, S. 290—296.

[10] *Skwarski, T.:* Studies on polycondensation and depolymerization processes of poly-(ethylene terephthalate). Habilitationsschrift Łódź, 1964.

[11] *Alexander, P., Black, R. M.,* und *Charlesby, A.:* Radiation induced changes in the structure of polyisobutylene. Proc. Roy. Soc. London A **232** (1955) S. 31.

[12] *Turska, E.,* und *Boryniec, S.:* The influence of ionizing radiation on the molecular weight distribution of poly-(ethylene terephthalate). Proc. of the II Tihany Symposium on Radiation Chemistry, Budapest 1967, S. 781 bis 784.

Eingegangen am 31. Mai 1974

Über den Einfluß von elektrischen Gleichfeldern bis 110 kV/cm auf die Taxie von strahlenchemisch hergestelltem Polyvinylacetat und Polymethylmethacrylat

Hanna Roth, Friedrich Keller und Gerald Fleischer

Karl-Marx-Universität Leipzig, Sektion Physik

Arbeitsgruppe HF-Spektroskopie an Polymeren und Monomeren

DK 678.744.422:678.744.335:66.095.268:678.012:543.422.23

Der Einfluß von elektrischen Gleichfeldern bis 110 kV/cm auf die Kettenstrukturparameter (Taxie, zahlenmittlere Sequenzlängen, Penultimate-Effekt-Parameter) von strahlenchemisch polymerisiertem PVAc und PMMA wurde untersucht (Meßmethode: hochauflösende magnetische Protonenresonanz). Während bei PVAc das während der Polymerisation anliegende elektrische Gleichfeld keinen Einfluß auf die Mikrostruktur der entstandenen Polymerisate hatte, war bei PMMA eine deutliche Abhängigkeit zu beobachten. Mit steigender Feldstärke nahm der syndiotaktische Anteil zu (Maximum bei ca. 30 kV/cm), und die Verteilung der sterisch unterschiedlichen Verknüpfungsarten änderte sich etwas; es trat eine geringe Tendenz zum Alternieren isotaktischer und syndiotaktischer Verknüpfungen auf.

О влиянии электрических полей постоянного тока до 110 кв/см на тактичность поливинилацетата и полиметилметакрилата, полученных методом радиационной полимеризации

Изучено влияние электрических полей постоянного тока до 110 кв/см на структурные параметры (тактичность, длина чередующихся звеньев, эффект предпоследнего звена) поливинилацетата и полиметилметакрилата, полученных методом радиационной полимеризации (метод измерения: ЯМР высокого разрешения). В то время как в случае поливинилацетата влияния электрического поля во время полимеризации на микроструктуру полимера не наблюдалось, в случае полиметилметакрилата обнаружена заметная зависимость. С увеличением напряженности поля содержание синдиотактических звеньев возрастает (максимум при приблизительно 30 кв/см), а также наблюдается небольшое изменение распределения стереоструктуры, причем существует незначительная тенденция к чередованию изо- и синдиотактических звеньев.

Effect of electric DC Fields up to 110 kV/cm on the Tacticity of Polyvinylacetate and Polymethylmethacrylate obtained by Radiation Polymerization

The effect of Electric fields up to 110 kV/cm on structural parameters of the polymer chain (tacticity, number average of the sequence length, penultimate effect) of polyvinylacetate (PVAc) and polymethylmethacrylate (PMMA) obtained by radiation polymerization has been investigated. While with PVAc the electric field caused no effect during polymerization of the microstructure of the growing polymer chain, a distict effect was observed with PMMA. With increasing field strength the syndiotactic amount increased (maximum at about 30 kV/cm) and the distribution of steric sequences underwent small changes, accompanied with a slight trend to alternating isotactic and syndiotactic linkages.

1. *Einführung*

Über Untersuchungen zum Einfluß der Polymerisationstemperatur und eines während der Polymerisation angelegten elektrischen Gleichfeldes (bis 24 kV/cm) auf die Taxie von strahlenchemisch hergestelltem Polyvinylacetat (PVAc) wurde von uns bereits berichtet [1]. Dabei zeigte sich, insbesondere auch im Vergleich zu katalytisch (mit AIBN) nach radikalischem Mechanismus hergestelltem PVAc, daß die ausgewählten unterschiedlichen Reaktionsbedingungen praktisch keinen Einfluß auf die Taxie des entstandenen PVAc hatten. Der syndiotaktische Anteil X_5 aller mit der hochauflösenden magnetischen Kernresonanz (Protonenresonanz) gemessenen Proben lag zwischen 0,45 und 0,48. In der vorliegenden Arbeit wird über die Fortsetzung dieser Untersuchungen und die Ausdehnung auf das Stoffsystem Polymethylmethacrylat (PMMA) bei wesentlich höheren Feldstärken (bis 110 kV/cm) berichtet.

Im Gegensatz zum PVAc läßt sich die Taxie von Polymethylmethacrylat relativ leicht durch die Polymerisationsbedingungen verändern. In der Literatur wird beschrieben, daß beim PMMA der syndiotaktische Anteil mit sinkender Polymerisationstemperatur im Vergleich zu anderen Polymeren (siehe hierzu die Publikationen von *Elias* u. Mitarb. [2 bis 5] und die Diskussion in [1]) relativ stark zunimmt [6]. Weiterhin wird über eine Abnahme des syndiotaktischen Anteils bei Polymerisationen unter Drücken von 4000 bis 7000 at [7] und über eine Zunahme bei Anliegen elektrischer Gleichfelder bis 70 kV/cm bei der katalytischen Polymerisation von PMMA mit Benzoylperoxid berichtet [8], was IR-spektroskopisch qualitativ ermittelt wurde.

In unserer Arbeitsgruppe wurde der Einfluß hoher elektrischer Gleichfelder auf den Verlauf der durch Strahlung initiierten Polymerisation von Methylmethacrylat (MMA) und Vinylacetat (VAc) untersucht [9, 16]. Im Rahmen dieser Untersuchungen interessierte es, ob das elektrische Feld auch die Struktur der entstandenen Polymeren beeinflußt, denn es wurde, vor allem beim MMA, eine Abhängigkeit der Polymerisationskinetik vom elektrischen Feld gefunden. Für die Bestimmung der Taxie stand die hochauflösende Kernresonanz zur Verfügung, die wesentlich präzisere Messungen zuläßt als z. B. die IR-Spektroskopie.

2. *Experimentelles*

2.1. *Herstellung der Proben*

Über die Probleme bei der Polymerisation in elektrischen Feldern bis 100 kV/cm wird in einer Arbeit von *Fleischer* und *Zöchbauer* [9] berichtet, deshalb seien hier nur kurz einige wichtige Daten gegeben.

Die strahlenchemisch hergestellten Proben wurden in einer ca. 10 ml fassenden Meßzelle bei 22,0 °C polymerisiert. Als Strahlungsquelle diente eine Röntgenanlage TUR T 250, die bei 200 kV Röhrenspannung und ca. 15 mA Röhrenstrom betrieben wurde. Die Meßzelle war in Form eines Plattenkondensators aus zwei V2A-Stahl-Elektroden mit einem PTFE-Distanzring aufgebaut. Der Plattenabstand lag (je nach Meßreihe) in der Größe von etwa 2 mm, so daß durch Anlegen von Spannungen bis zu 20 kV Feldstärken bis etwa 100 kV/cm erzeugt werden konnten.

Es wurde bis auf zwei Ausnahmen (Proben F 109a und F 109b, die in benzolischer Lösung hergestellt wurden) in Substanz polymerisiert. Nach der Polymerisation wurden die Polymerisate zweimal gefällt und im Vakuum bei 60 °C getrocknet.

Die katalytisch hergestellten Proben wurden mit AIBN bei 60 °C in einer ähnlichen Meßzelle polymerisiert. Näheres dazu ist in [10] zu finden.

2.2. *Aufnahme und Auswertung der Protonenresonanzspektren der Proben*

Die h-NMR-Spektren von PVAc und PMMA wurden mit einem 100 MHz-Spektrometer bei einer Konzentration von 7%, einer Temperatur von ca. 80 °C und in den Lösungsmitteln $CDCl_3$, $CHCl_3$ oder o-Dichlorbenzol (o-DCB) aufgenommen.

Die Linienzuordnung und Auswertung der h-NMR-Spektren von PVAc ist in [1] angegeben. Die Auswertung der h-NMR-Spektren von PMMA erfolgte nach den Arbeiten von *Johnson* [11], *Ramey* [12], *Ferguson* [13] und von *Jabben* u. Mitarb. [14]. Danach werden die drei (αCH_3)-Resonanzlinien entsprechend der verschiedenen Verknüpfungsmöglichkeiten der Monomereinheiten mit wachsender Feldstärke isotaktischen (ii), heterotaktischen (is + si) und syndiotaktischen (ss) Triaden zugeordnet, wobei die Triadenhäufigkeit aus der unter der jeweiligen Resonanzlinie liegenden Fläche erhalten wird. Die Taxie (Diadenanteile) X_i, X_s wurde aus den (αCH_3)-Resonanzlinien nach Gleichung (2) in [1] ermittelt.

Anschließend wurde ein Vergleich dieser Ergebnisse mit den aus dem ($-CH_2-$)-Teil des PMMA-Spektrums berechneten Taxiewerten vorgenommen. Die Berechnung der Taxie aus dem ($-CH_2-$)-Protonenteil geschieht unabhängig vom Polymerisationsmodell mit den Gleichungen

$$X_s = \frac{F_1 - F_2}{F_1 + F_2}, \qquad X_i = \frac{2F_2}{F_1 + F_2}. \tag{11}$$[1]

Die Flächen F_1 und F_2 werden als Meßgrößen den Spektren entnommen. Der ($-CH_2-$)-Teil des 100-MHz-Spektrums von PMMA ist mit Tetraden von Monomereinheiten zu interpretieren. Die Flächen F_1 und F_2 bestehen aus folgenden, durch ihre Flächen angegeben Tetradenresonanzen:

$$\begin{aligned} F_1 &= F_{sss} + F_{ssi+iss} + F_{isi} + \frac{1}{2}(F_{iii} + F_{sii+iis} + F_{sis}) \\ &= F_s + \frac{1}{2}F_i, \\ F_2 &= \frac{1}{2}(F_{iii} + F_{sii+iis} + F_{sis}) = \frac{1}{2}F_i. \end{aligned} \tag{12}$$

3. *Ergebnisse*

3.1. *Polyvinylacetat*

Die Ergebnisse der vorliegenden Untersuchungen sind in den Tabellen 1 und 2 zusammengestellt. Tabelle 1a enthält die ermittelten Kettenstrukturparameter für die strahlenchemisch bei elektrischen Feldstärken zwischen 30 und 110 kV/cm polymerisierten Proben. In Tabelle 1b sind die Ergebnisse von katalytisch bei Anliegen eines elektrischen Feldes hergestellten Proben [10] aufgeführt.

Wie wir bereits in [1] einschränkend bemerkt haben, liegt unserer Auswertemethode die nicht verifizierte Annahme zugrunde, daß die drei sich überlagernden, zur Bestimmung der Kettenstruktur benutzten Triadenresonanzen ii (bei $\tau = 7{,}98$ ppm), is + si (bei $\tau = 8{,}00$ ppm) und ss (bei $\tau = 8{,}02$ ppm) des ($-OCOCH_3$)-Protonenteils gleiche Linienbreiteparameter aufweisen. *Abe* und *Nishioka* [15] beobachteten inzwischen im 100-MHz-NMR-Spektrum von PVAc, das in Nitromethanlösung bei 110 °C aufgenommen worden war, eine kompliziertere Resonanzlinienform für die ($-OCOCH_3$)-Protonen, als Isie in CCl_4- oder $CDCl_3$-Lösung registriert werden kann. Sie ordneten die insgesamt sechs nachweisbaren Peaks den sterisch unterschiedlichen Verknüpfungsmöglichkeiten zwischen Pentaden von Monomereinheiten zu. Aus diesen Messungen schlossen sie, daß auch in CCl_4- und $CDCl_3$-Lösung sich Pentadenresonanzen (in geringem Maße) auswirken und zu unterschiedlichen Linienbreiten der drei beobachtbaren Peaks (s. o.) führen könnten. Für PVAc in $CDCl_3$-Lösung erhielten die genannten Autoren [15] nach dieser Interpretation folgende Linienbreiten: ii-Peak 3,6 Hz, is + si-Peak 4,0 Hz und ss-Peak 4,5 Hz. In Tabelle 2 haben wir die Zahlenwerte der Kettenstrukturparameter[2]), die sich nach unserem Auswerteverfahren [1] und nach der neuen Interpretation von *Abe* und *Nishioka* [15] ergeben, an einem Beispiel gegenübergestellt. Es zeigt sich, daß durch die unterschiedlichen Auswerteverfahren die Absolutwerte der Kettenparameter nur geringfügig geändert werden: Der syndiotaktische Anteil nimmt etwas zu, ebenso der Penultimate-Effekt-Parameter α, während *rr* sinkt, d. h. es findet eine geringfügige Verschiebung in Richtung auf die statistisch zufällige Verteilung der beiden sterisch unterschiedlichen Verknüpfungsarten i und s statt. Die statistisch zufällige Verteilung ist jedoch nach wie vor *nicht* erfüllt. Auch bei Verwendung der neuen Auswertemethode bleiben die früher [1] von uns getroffenen qualitativen Aussagen über die Kettenstruktur der unter verschiedenen Bedingungen hergestellten PVAc-Proben gültig.

Insgesamt lassen sich die Ergebnisse wie folgt zusammenfassen:

- Das während der Polymerisation anliegende elektrische Gleichfeld (bis maximal 110 kV/cm) hatte keinen nachweisbaren Einfluß auf die Taxie der entstandenen PVAc-Proben.
- Bei der Polymerisation wird eine Stereokontrolle [4] ausgeübt.
- Die *Bernoulli*-Statistik ist für die Verknüpfungsverteilung der untersuchten PVAc-Proben nicht erfüllt.
- Die Parameter α und *rr* hängen ebenso wie die Taxie innerhalb der Fehlergrenzen der Bestimmungsmethode nicht von der während der Polymerisation anliegenden Feldstärke ab.
- In den untersuchten PVAc-Polymerisaten ist eine geringe Tendenz zur Bildung isotaktischer bzw. syndiotaktischer Blöcke im Vergleich zur statistisch zufälligen Verteilung der Verknüpfungsarten *i* und *s* nachweisbar.

[1]) Gleichung entsprechend [1] weiternumeriert

[2]) Erklärung dieser Parameter siehe [1].

Tabelle 1a: Ergebnisse der Auswertung der 100-MHz.NMR-Spektren von strahlenchemisch in Substanz bei Anliegen eines elektrischen Gleichfeldes hergestellten PVAc-Proben

Probe	a) Triadenanteile (exp)			b) Diadenanteile Taxie		Penultimate Effekt Parameter	Sequenzverteilungsparameter			Feldstärke E
	X_{ii}	X_{is+si}	X_{ss}	X_i	X_s	α	$\bar{L}_i$	$\bar{L}_s$	rr	kV/cm
R 4	0,320	0,440	0,240	0,54	0,46	0,81	2,45	2,09	1,6	30
R 5	0,325	0,440	0,235	0,55	0,45	0,81	2,48	2,07	1,6	30
R 6	0,325	0,438	0,237	0,54	0,46	0,80	2,48	2,08	1,6	32
F 109 a	0,272	0,454	0,274	0,50	0,50	0,83	2,20	2,21	1,5	65
F 109 b	0,280	0,460	0,260	0,51	0,49	0,85	2,22	2,13	1,4	80
Z 45	0,325	0,441	0,234	0,55	0,45	0,81	2,47	2,06	1,6	100
Z 48	0,328	0,421	0,251	0,54	0,46	0,75	2,56	2,19	1,9	103
Z 49	0,322	0,436	0,242	0,54	0,46	0,79	2,48	2,11	1,6	110

a) Bestimmt aus den Flächen der $(-OCOCH_3)$-Triadenresonanzen nach den Gleichungen (1) in [1], Mittelwerte aus mehreren Messungen.

b) Berechnet aus den Triadenanteilen, unabhängig vom Polymerisationsmodell nach den Gleichungen (2) in [1].

Bedeutung der Parameter α, $\bar{L}_i$, $\bar{L}_s$, *rr* siehe Text in [1].

Tabelle 1b. Ergebnisse der Auswertung der 100-MHz-NMR-Spektren von katalytisch (mit AIBN) bei Anliegen eines elektrischen Gleichsfeldes hergestellten PVAc-Proben

Probe	a) Triadenanteile (exp)			b) Diadenanteile Taxie		Penultimate Effekt Parameter	Sequenzverteilungsparameter			Feldstärke E
	X_{ii}	X_{is+si}	X_{ss}	X_i	X_s	α	$\bar{L}_i$	$\bar{L}_s$	rr	[kV/cm]
R 1	0,340	0,435	0,225	0,56	0,44	0,81	2,56	2,03	1,6	0
EF 1	0,353	0,423	0,224	0,56	0,44	0,78	2,67	2,06	1,8	0
EF 2	0,350	0,410	0,240	0,56	0,44	0,73	2,71	2,17	2,0	30
R 2	0,340	0,410	0,250	0,55	0,45	0,72	2,66	2,22	2,0	50
R 3	0,328	0,432	0,240	0,54	0,46	0,79	2,52	2,11	1,7	50

a), b) Erklärung siehe Tabelle 1 a.

Tabelle 2. Vergleich der aus den 100-MHz-NMR-Spektren unter Annahme gleicher Linienbreiteparameter für die Triadenresonanzen berechneten Kettenstrukturparameter mit den Kettenstrukturparametern, die sich bei Anwendung des Auswerteverfahrens von Abe und Nishioka [15] (ungleiche Linienbreiteparameter für die verschiedenen Triadenresonanzen) ergeben

Für den Vergleich wurden die Mittelwerte aller Messungen aus Tabelle 1 verwendet

a) Triadenanteile (exp)			b) Diadenanteile Taxie		c) Triadenanteile (ber)			Penultimate Effekt Parameter	Sequenzverteilungsparameter			Auswerteverfahren
X_{ii}	X_{is+si}	X_{ss}	X_i	X_s	X_{ii}	X_{is+si}	X_{ss}	α	$\bar{L}_i$	$\bar{L}_s$	rr	
0,312	0,441	0,247	0,53	0,47	0,284	0,497	0,219	0,81	2,41	2,12	1,6	Triadenresonanzen weisen gleiche Linienbreiteparameter auf [1]
0,272	0,463	0,265	0,50	0,50	0,254	0,499	0,247	0,86	2,17	2,14	1,3	Triadenresonanzen weisen ungleiche Linienbreiteparameter auf, Auswertung entspr. [8]

a), b) Erklärung siehe Tabelle 1 a

c) Berechnet aus den Diadenanteilen nach dem *Bernoulli*-Polymerisationsmodell mit den Beziehungen (7) in [1].

Tabelle 3a. Ergebnisse der Auswertung des α-CH_3-Teiles der 100-MHz-Spektren von katalytisch bei Anliegen eines elektrischen Gleichfeldes hergestellten PMMA-Proben (Lösungsmittel $CHCl_3$)

Probe	a) Triadenanteile (exp)			b) Diadenanteile Taxie		Penultimate Effekt Parameter	Sequenzverteilungparameter			Feldstärke E
	X_{ii}	X_{is+si}	X_{ss}	X_i	X_s	α	$\bar{L}_i$	$\bar{L}_s$	rr	kV/cm
MP 1	0,074	0,353	0,573	0,25	0,75	0,80	1,42	4,24	1,37	0
MP 2	0,047	0,347	0,606	0,22	0,78	1,04	1,27	4,49	0,96	15
MP 3	0,032	0,342	0,626	0,21	0,79	1,36	1,23	4,61	0,85	45

a), b) Erklärung siehe Tabelle 1a

Tabelle 3b. Ergebnisse der Auswertung des α-CH_3-Teiles der 100-MHz-Spektren von strahlenchemisch bei Anliegen eines elektrischen Gleichfeldes hergestellten PMMA-Proben (Lösungsmittel $CHCl_3$)

Probe	a) Triadenanteile			b) Diadenanteile		Penultimate Effekt Parameter	Sequenzverteilungsparameter			Feldstärke E
	X_{ii}	X_{is+si}	X_{ss}	X_i	X_s	α	$\bar{L}_i$	$\bar{L}_s$	rr	kV/cm
Z 28	0,048	0,336	0,616	0,22	0,78	0,97	1,29	4,67	1,05	0
HD VI/2	0,054	0,319	0,629	0,23	0,77	0,85	1,44	4,93	1,74	3
HD V/1	0,061	0,289	0,649	0,20	0,80	0,62	1,43	5,50	1,92	3,5
Z 68	0,026	0,256	0,718	0,15	0,85	0,90	1,20	6,61	1,14	20
104a	0,012	0,241	0,739	0,14	0,86	1,54	1,10	7,13	0,58	30
105a	0,033	0,299	0,675	0,18	0,82	1,00	1,22	5,52	0,98	50
111a	0,009	0,259	0,731	0,14	0,86	2,33	1,07	6,65	0,41	61
Z 25	0,019	0,286	0,696	0,16	0,84	1,45	1,13	5,87	0,65	71
Z 24	0,021	0,285	0,694	0,16	0,84	1,32	1,14	5,87	0,70	73
Z 57	0,021	0,276	0,705	0,16	0,84	1,22	1,15	6,09	0,77	100
Z 58	0,021	0,285	0,689	0,17	0,83	1,34	1,17	5,85	0,80	100

a), b) Erklärung siehe Tabelle 1a

— Es sind Andeutungen für einen Lösungsmitteleffekt vorhanden. So liegen die X_{ii}- und α-Werte für die beiden in Benzol hergestellten Proben deutlich über den übrigen Werten.

3.2. *Polymethylmethacrylat*

Die Ergebnisse unserer Untersuchungen zur Bestimmung der Taxie aus dem (αCH_3)-Teil der h-NMR-Spektren sind in den Tabellen 3 zusammengestellt. Die bei der Aufnahme von Spektren in unterschiedlichen Lösungsmitteln auftretenden Abweichungen in den Meßergebnissen liegen innerhalb der Fehlergrenzen von 2% der angegebenen Meßwerte.

Die Untersuchungen am (—CH_2—)-Teil des Spektrums bestätigen im wesentlichen die aus dem (αCH_3)-Teil erhaltenen Aussagen. Infolge des stark verbreiterten (und intensitätsschwächeren) (—CH_2—)-Signals sind die erhaltenen Taxiewerte mit einem größeren Fehler behaftet als die aus dem (αCH_3)-Teil des Spektrums gewonnenen Taxiewerte.

Zusammengefaßt ergeben sich für PMMA folgende Resultate:

— Es ist eine deutliche Abhängigkeit der Taxie von dem während der Polymerisation anliegenden elektrischen Gleichfeld zu beobachten (siehe Bild 1). Der syndiotaktische Anteil, der bei der Feldstärke null 78% beträgt, stieg bei Anlegen eines Feldes während der Polymerisation an.

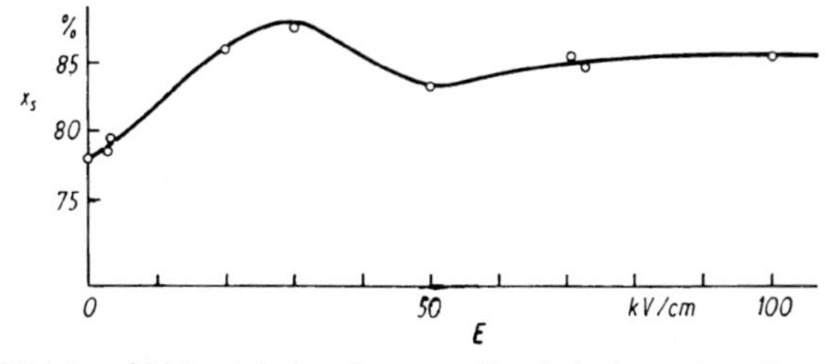

Bild 1. Abhängigkeit des syndiotaktischen Anteils X_S (Taxie) von der während der strahlenchemischen Polymerisation anliegenden elektrischen Feldstärke

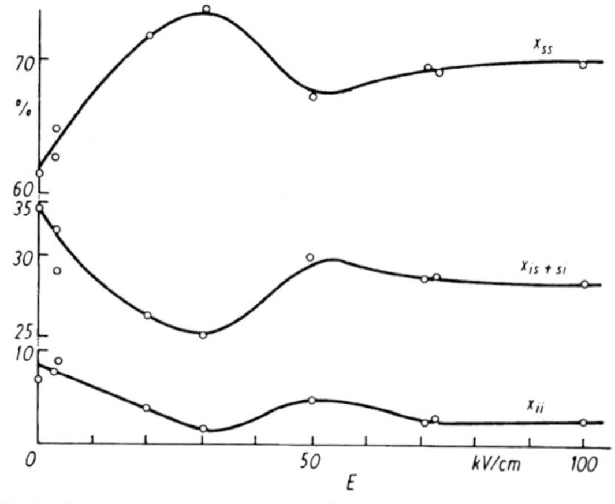

Bild 2. Abhängigkeit des Anteils der iso-, hetero- und syndiotaktischen Triaden von Monomereinheiten von der während der strahlenchemischen Polymerisation anliegenden elektrischen Feldstärke

— Die Verteilung der sterisch unterschiedlichen Verknüpfungen *i* und *s* in der Kette hängt ebenfalls von der bei der Polymerisation anliegenden Feldstärke ab (siehe Bild 2). Mit wachsender Feldstärke ist eine geringe Tendenz zum Alternieren syndio- und isotaktischer Verknüpfungen zu beobachten, was durch das Sinken des Parameters *rr* unter den Wert 1 angezeigt wird.

— Die *Bernoulli*-Statistik ist für die Verknüpfungsverteilung der untersuchten PMMA-Proben nicht erfüllt (der Parameter α ist i. a. $\neq 1$). Es ist ein Anwachsen des Penultimate-Parameters mit der Feldstärke zu erkennen, was auf einen feldstärkeabhängigen Penultimate-Effekt hinweist.

4. *Diskussion*

Die gefundenen Abhängigkeiten der Taxie von der elektrischen Feldstärke sind nicht ohne weiteres zu deuten. Über die die Taxie von Polymeren bestimmenden Faktoren ist bisher nur Qualitatives bekannt, und es ist vom gegenwärtigen Kenntnisstand aus kaum möglich, für die Einwirkung der elektrischen Felder auf die Taxie eine genaue molekülphysikalische Erklärung zu finden. Interessant ist, daß die beobachtete Abhängigkeit der Taxie etwa mit der der Polymerisationskinetik korreliert. Es wurde gefunden, daß das elektrische Feld die Polymerisation von VAc zwar gering beeinflußt, eine eindeutige Abhängigkeit der Polymerisationsgeschwindigkeit und des Polymerisationsgrades vom elektrischen Feld wurde aber nicht beobachtet, die Beeinflussungen streuten und waren nicht reproduzierbar [16]. Die Erklärung dafür ist möglicherweise darin zu suchen, daß die Polymerisation von VAc stark durch Verunreinigungen beeinflußt wird und deshalb schwer reproduzierbar ist; VAc zieht auch leicht das bei der Polymerisation im elektrischen Feld störende Wasser an.

Bei der Polymerisation von MMA im elektrischen Feld wurde gefunden, daß die Startgeschwindigkeit vom Feld abhängt [9]. Die Startgeschwindigkeit nimmt anfangs ab, hat bei etwa 20 kV/cm ein Minimum und wächst mit größer werdendem Feld wieder an; bei 100 kV/cm erreicht sie etwa das 1,5fache des Wertes bei der Feldstärke null. Es ist kaum wahrscheinlich, daß die Taxie von der Startgeschwindigkeit abhängt, auch liegen in der Literatur dafür keine Hinweise vor. Eine Erklärungsmöglichkeit für die von der Feldstärke abhängige Taxie ist eine direkte Beeinflussung der Verknüpfungsreaktion durch das Feld. Eine Einwirkung des Feldes auf die Polymerisation selbst, gemessen am Konstantenverhältnis $k_w/k_a^{1/2}$, wurde jedoch kinetisch nicht beobachtet. Eine Beeinflussung der Verknüpfungsreaktion durch das elektrische Feld, die zu einer feldabhängigen Taxie führt, müßte also ohne Änderung des Konstantenverhältnisses $k_w/k_a^{1/2}$ erfolgen. Eine andere Erklärung der gefundenen Effekte beim MMA liegt in der Möglichkeit, daß durch die hohen elektrischen Felder ein zur Strahlungsinitiierung zusätzlicher Startmechanismus wirksam wird, eventuell durch Elektrolyse- bzw. Elektrodenvorgänge, wodurch neben der radikalischen strahlungsinitiierten Polymerisation ein weiterer Startmechanismus vorläge, der zu einem Polymerisat anderer Taxie führt. Zur Klärung dieser letztgenannten Probleme sind weitere Untersuchungen im Gange.

Danksagung

Den Herren Dr. *H. Pretzsch* und Dipl.-Chem. *H. Müller* danken wir für die freundliche Überlassung der katalytisch hergestellten Proben. Den an der Auswertung beteiligten Studenten sowie Frau *M. Hildebrand* gilt ebenfalls unser Dank.

Literatur

[1] *Keller, F.*, *Fleischer, G.*, und *Otto, H.:* Einfluß der Polymerisationstemperatur und des elektrischen Gleichfeldes auf die Taxie von strahlenchemisch hergestelltem Polyvinylazetat. Plaste u. Kautschuk **20** (1973) S. 15 bis 20.

[2] *Elias, H. G.*, *Goeldi, P.*, und *Kamath, V. S.:* Aktivierungsenergien iso- und syndiotaktischer Verknüpfungen. Makromol. Chemie **117** (1968) S. 269—274.

[3] *Elias, H. G.:* Stereokontrolle. III. Geschwindigkeitskonstanten der iso- und syndiotaktischen Anlagerung. Makromol. Chemie **137** (1970) S. 277—283.

[4] *Elias, H. G.*, und *Goeldi, P.:* Stereokontrolle. IV. Konstitutionseinflüsse bei radikalischen Polymerisationen. Makromol. Chemie **144** (1971) S. 85—96.

[5] *Goeldi, P.:* Über die Stereokontrolle bei der radikalischen Polymerisation von Methylmethakrylat. Dissertation Nr. 4686 an der ETH Zürich 1971.

[6] *Fischer, H.:* Zur Bildungshäufigkeit isotaktischer und syndiotaktischer Verknüpfungen bei der radikalischen Polymerisation. Kolloid-Z. u. Z. Polymere **206** (1965) S. 131—136.

[7] *Čistotina, N. P.*, *Žarov, A. A.*, *Morozova, I. S.*, und *Enikolopjan, N. S.:* Polymerisation von Methylmethacrylat unter hohen Drücken, gekoppelt mit Scherspannung. Dokl. Akad. Nauk. SSSR **209** (1973) S. 408 bis 410; 900—902.

[8] *Amerik, J. B.*, *Krencel, B. A.*, und *Shishkina, M. V.:* Der Einfluß starker elektrostatischer Felder auf die Struktur des gebildeten Polymeren bei der Polymerisation von Methylmethacrylat. Dokl. Akad. Nauk SSSR **162** (1965) S. 364—366.

[9] *Fleischer, G.*, und *Zöchbauer, M.:* Ergebnisse der strahlungsinitiierten Polymerisation von Methylmethakrylat im hohen elektrischen Gleichfeld. Plaste u. Kautschuk, im Druck.

[10] *Pretzsch, H.:* Untersuchungen zur radikalischen Homo- und Copolymerisation verschiedener Vinylmonomerer unter Einfluß hoher elektrischer Gleichspannungsfelder. Dissertation, THC „Carl Schorlemmer" Leuna-Merseburg 1973.

[11] *Johnsen, U.:* Beschreibung der Kettenstruktur von stereoregulären Hochpolymeren und ihre Bestimmung aus der Kernspinresonanz. Kolloid-Z. u. Z. Polymere **178** (1961) S. 161—165.

[12] *Ramey, K. C.:* NMR study of poly(methyl methacrylate): diads, triads, tetrads and pentads. J. Polymer Sci., B: Polymer Letters **5** (1967) S. 859—865.

[13] *Ferguson, R. C.:* 220 MHz proton magnetic resonance spectra of polymers. I. Polymethyl methacrylate. Macromolecules, Washington 2 (1969) S. 237 bis 240.

[14] *Jabben, M.*, *Chafik, A.*, *Klesper, E.:* Strukturuntersuchungen an Copolymeren aus Methylmethakrylat und Methylenmalonsäuredimethylester durch kernmagnetische Resonanz. Z. anal. Chemie **249** (1970) S. 1—16.

[15] *Abe, A.*, und *Nishioka, A.:* NMR-Messung der Taktizitäten von Polyvinylacetat bei 100 MHz (jap.). Kobunshi Kagaku, Tokyo (Chem. High Polymers) **29** (1972) S. 448—449.

[16] *Fleischer, G.:* Unveröffentlichte Ergebnisse.

Eingegangen am 19. Juli 1974

Röntgenographische Strukturuntersuchungen an Polyäthylenterephthalat (PÄT)[1]

Christian Ruscher, Ilia Seganow[2]) *und Michael Teichgräber*

Akademie der Wissenschaften der DDR, Institut für Polymerenchemie in Teltow-Seehof, Abt. Polymerphysik

DK 678.674'524'420:539.26:539.22:548.755.44

Die Umordnungskinetik von PÄT-Proben aus dem glasig-amorphen Zustand und aus der Schmelze in Temperaturabhängigkeit wird beschrieben. Dabei werden zur Auswertung der Röntgenstreukurven sowohl klassische Verfahren als auch das Fourierverfahren angewendet. Während man mit dem klassischen Verfahren bereits eine gute Charakterisierung der Kinetik erhält, liefert das Fourierverfahren zusätzlich Angaben über die Anteile der unterschiedlich geordneten Bereiche sowie eine Aussage, daß die unterschiedlichen Streukurven von linienverbreiternden Einflüssen herrühren.

Исследования структуры полиэтилентерефталата (ПЭТ) методом рентгенографии

Изучена кинетика изменения упорядоченности структуры образцов ПЭТ из стекловидно-аморфного состояния и расплава в зависимости от температуры. При этом для обработки кривых рассеяния рентгеновских лучей применялись как классические методы, так и метод Фурье. В то время как классический метод даёт уже сравнительно удовлетворительную информацию о кинетике, при применении метода Фурье получаются дополнительные данные о долях областей различной упорядоченности. Кроме того, он позволяет сделать заключение, что различный ход кривых рассеяния обуславливается факторами, приводящими к расширению линий.

X-ray Structure Analysis of Polyethylene Therephthalate (PÄT)

The kinetic of reordering of PÄT samples from the glassy amorphous state and from the melt depending from the temperature is decribed. For analyzing the X-ray diffraction curves were used classical methods as well as the Fourier method. Getting with the classical method allways a good characterzation of the kinetic, the Fourier method yields additional dates above the components of the differently orientated ranges and a statement, that the various X-ray diffraction curves are coming from line broadening influences.

1. Einleitung

Für eine optimale Herstellung, Verarbeitung und Anwendung von Polymerwerkstoffen sind die Informationen über Strukturänderungen bei einer thermischen Behandlung von großer Bedeutung. Aus diesem Grunde werden möglichst exakte Methoden zur Erfassung und Charakterisierung der Umordnungskinetik sowie systematische Untersuchungen zur Stoffkenntnis notwendig.

In der vorliegenden Arbeit werden systematische Untersuchungen an PÄT beschrieben zur Charakterisierung der Umordnungskinetik einerseits aus dem glasig-amorphen Zustand und andererseits aus der Schmelze. Weiterhin werden der Einfluß der rel. Molekülmasse sowie des Wassergehalts auf die Ordnungskinetik in PÄT-Proben beschrieben.

Zur Untersuchung werden Röntgenweitwinkelverfahren herangezogen; die Auswertung der experimentellen Ergebnisse erfolgen vergleichsweise mit klassischen Verfahren, wie z. B. nach *Hermans* und *Weidinger* [1] oder *Natta* u. a. [2] und mit dem Fourier-Verfahren (*Teichgräber* [3, 4]).

2. Charakterisierungsparameter und Auswerteverfahren

Wie wir in einer anderen Arbeit zeigen (*Ruscher* [5]), sind die aus den experimentellen Ergebnissen abgeleiteten Charakterisierungsparameter sowie die Strukturmodellparameter abhängig sowohl von dem Strukturmodell und der experimentellen Meßmethode, einschließlich der dazugehörenden Theorien, als auch von den Auswerteverfahren.

Während man lange Zeit z. B. durch eine mehr oder weniger willkürliche Zerlegung von Röntgenstreukurven einen „Kristallinitätsgrad" einer Probe nach dem Muster von *Hermans* und *Weidinger* [1] errechnete, muß nach den Arbeiten von *Ruland* [6], *Bodor* [7] und besonders nach dem Vorschlag des Fourierverfahrens (*Teichgräber* [3, 4]) die Interpretation von Röntgenstreukurven neu durchdacht werden.

[1]) Erweiterter Auszug aus der Dissertation *I. Seganow*, Merseburg 1970.

[2]) Jetzige Anschrift: Dr. I. Seganow, Universität Sofia, Chemische Fakultät, Sofia 26, Bld. Anton Iwanow 1, Bulgarien.

2.1. Klassische Zerlegung von Röntgenstreukurven

Die seit langem gebräuchlichen Verfahren zur Charakterisierung einer partiellkristallinen Probe aus der Röntgenstreukurve basieren auf dem Vorschlag, die Streukurve in einen „kristallinen" und einen „amorphen" Anteil zu zerlegen und aus dem Flächenverhältnis einen „Kristallinitätsgrad" zu errechnen.

Zur Problematik dieser Verfahren ist bereits mehrmals Stellung genommen worden, weshalb dazu auf die entsprechenden Arbeiten verwiesen sei [8, 9, 10].

Da sich durch die willkürliche Abtrennung des Untergrundes und die willkürliche Wahl der Integrationsbereiche ohnehin nur relative Maßzahlen errechnen lassen, wird in der vorliegenden Arbeit eine einfache Zerlegung der Kurven und eine Flächenbestimmung durch eine Dreiecksapproximation vorgenommen, wie sie in Bild 1 dargestellt ist.

Bei unseren Untersuchungen an PÄT wurde der Streuwinkelbereich von $5° \leqq \vartheta \leqq 21°$ ausgewertet; die Maxima der Dreiecke lagen bei den Winkeln $\vartheta = 8{,}35°$, $11{,}8°$ und $14{,}0°$ und das Maximum des Dreiecks M bei $c = 10{,}3°$.

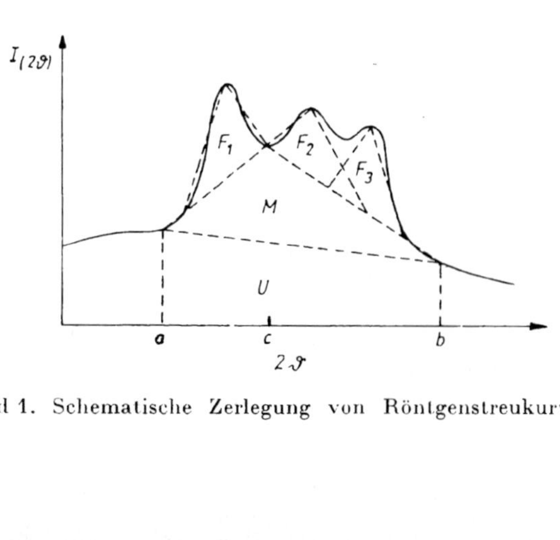

Bild 1. Schematische Zerlegung von Röntgenstreukurven

Zur relativen Charakterisierung des Ordnungszustandes wurde ein Ordnungsparameter O_α nach Gleichung (1) bestimmt:

$$O_\alpha = \frac{\Sigma F_i}{U + M + \Sigma F_i}. \tag{1}$$

O_α ist eine Maßzahl für den geordneten Teil dieser aus zwei Komponenten bestehenden Probe, die sich bei einer Temperbehandlung stark ändert und damit gut zur Charakterisierung herangezogen werden kann. Ein anders zu ermittelnder Ordnungsparameter O_β (Gleichung 2)

$$O_\beta = \frac{M + \Sigma F}{U + M + \Sigma F_i} \tag{2}$$

ändert sich dagegen bei Temperbehandlung kaum.

2.2. *Fourier-Verfahren*

Bei dem Fourier-Verfahren wird nicht nur die integrale Intensität herangezogen, sondern es wird der gesamte Kurvenverlauf verwendet. Außerdem wird die Kurve nicht willkürlich zerlegt, sondern die Trennlinien werden analytisch bestimmt. Ein wesentliches Element dieses Verfahrens ist die Berücksichtigung einer möglichen Verbreiterung der von dem „kristallinen" Teil herrührenden Interferenzen durch eine Verbreiterungsfunktion $g(x)$.

Ausgangspunkt ist ein Zweikomponentenansatz (Gleichung 3)

$$I(x) = \beta \cdot \widehat{i_0(x)\, g}(x) + (1 - \beta)\, i_u(x);$$

$$x = \frac{u - u_0}{u_1 - u_0}; \quad u_0 \leqq u \leqq u_1 \tag{3}$$

mit:

$I(x)$	experimentelle Streukurve,
$i_0(x)$ und $i_u(x)$	Streufunktionen der ordnungsfähigen und der ungeordneten Komponenten,
β	relativer Anteil der ordnungsfähigen Komponente (Ordnungsgrad),
u_1, u_2	Grenzen des Winkelintervalls für die Auswertung mit $u = 2 \cdot \sin \vartheta/\lambda$,
$g(x)$	Linienverbreiterungsfunktion für die „kristallinen" Reflexe im Streudiagramm;
$\widehat{i_0 g}$	der Bogen bezeichnet eine Faltungsoperation.

Betrachtet man zwei Vergleichsproben mit den Streukurven $I(x)$ und $I'(x)$, führt für alle Funktionen deren Fourierkoeffizienten ein und berücksichtigt das unterschiedliche Konvergenzverhalten der Koeffizienten von $i_0(x)$ und $i_u(x)$, so gilt bei symmetrischen Linienverbreiterungen für die Fourierkoeffizienten von $g(x)$:

$$d_\nu = k_1 \frac{c_\nu c_\nu' + \bar{c}_\nu \bar{c}_\nu'}{c_\nu^2 + \bar{c}_\nu^2}; \quad \bar{d}_\nu = 0; \quad k_1 = \frac{\beta}{\beta'};$$

$$\nu = \nu_0, \ \nu_0 + 1, \ \nu_0 + 2 \ldots \tag{4}$$

Hierbei sind d_ν und $\bar{d}_\nu$ jeweils die Kosinus- und Sinus-Fourier-Koeffizienten von $g(x)$, c_ν und $\bar{c}_\nu$ entsprechend von $I(x)$ usw.

Für alle untersuchten PÄT-Proben erhält man bei der Auftragung von $\ln d_\nu$ nach Gleichung (4) über ν in erster Näherung eine Gerade. Hieraus folgt, daß $g(x)$ einheitlich durch ein *Lorenz*-Profil darstellbar ist, denn es müssen die folgenden Relationen gelten:

$$g(x) = \frac{1}{\pi \varrho_L} \sqrt{\frac{3}{2}} \cdot \frac{1}{1 + \frac{2}{3} \frac{x^2}{\varrho_L^2}}, \tag{5a}$$

$$\ln d_\nu = -\pi \sqrt{6} \varrho_L \cdot \nu - \ln k_1. \tag{5b}$$

Aus der Steigung und dem Ordinatenschnittpunkt der Geraden in der $\ln d_\nu - \nu$-Auftragung können nach Gleichung (5b) unmittelbar das Verhältnis $k_1 = \beta/\beta'$ sowie ϱ_L als Maß für Linienverbreiterungen bestimmt werden.

Betreffs einer ausführlichen Darstellung der Theorie siehe *Teichgräber* u. Mitarb. [3, 4, 12, 13].

3. *Experimenteller Teil*

3.1. *Röntgenaufnahmetechnik*

Für die Untersuchung der Proben stand eine vollstabilisierte Röntgenanlage vom Typ TuR M 61 (VEB Transformatoren- und Röntgenwerk, Dresden) zur Verfügung. Die Fehlergrenze für die Röhrenstrom-/Röhrenspannungsstabilisierung betrug $\pm 0{,}2\%$, die Wellenlänge der Primärstrahlung $\lambda = 1{,}54$ Å entsprechend CuK_α-Strahlung, die Röhrenspannung 40 kV, der Röhrenstrom 19 mA.

Die Streukurven für die klassische Auswertung wurden mittels einer Universalröntgenfeinstrukturkamera URK 3 (VEB Freiberger Präzisionsmechanik), Blendendurchmesser 0,5 mm, Präparat-Filmabstand 40 mm, registriert und mit einem lichtelektrischen Registrierphotometer Lirepho 2 (VEB Carl Zeiss Jena) quantitativ ausgewertet.

Für das Fourier-Verfahren wurden die Kurven auf einem Horizontal-Zählrohrgoniometer HZG-1 (VEB Freiberger Präzisionsmechanik) mit Proportionalzählrohr aufgenommen.

Zur Monochromatisierung der Röntgenstrahlung diente ein auf die K_β-Linie abgeglichenes Differenzfilterpaar nach *Ross* [11]. Die Filter wurden aus Polyäthylenpulver mit Kobalt- und Nickelpulver nach einem von *Ruland* [6] angegebenen Verfahren hergestellt. Die Messung erfolgte schrittweise mit einer Zeitvorwahl von jeweils 3 min. Die maximale Impulsrate lag bei etwa 20000 Impulsen pro min, die Schrittlängen betrugen für die Nickelmessungen 0,025° (ϑ) und für die Kobaltmessungen 0,1° (ϑ). Aus den gemessenen Impulswerten wurde auf grafischem Wege die Differenzkurve bestimmt und tabelliert.

Von den experimentellen Streukurven wurde lediglich die Luftstreukurve, ebenfalls experimentell bestimmt, abgezogen. Weitere Korrekturen sind für die Durchführung des Fourier-Verfahrens nicht erforderlich [3].

Die Registrierung der Streudiagramme erfolgte in Reflexionsstellung der Proben.

3.2. *Probenherstellung*

Für die vorgesehenen röntgenographischen Untersuchungen mußte eine Probenform gefunden werden, die zwei Bedingungen erfüllt:

1. Schneller Wärmeübergang zu allen Punkten der Probe.
2. Eine für die röntgenographischen Untersuchungen geeignete Form. Als am geeignetsten haben sich plättchenförmige Proben mit einem Durchmesser von 9 mm und einer Stärke von 1,5 mm erwiesen. Diese Proben wurden in einer einfachen, zerlegbaren Form, die nur aus einem Ring und zwei dünnen Deckeln aus Messing bestand, hergestellt.

Als Ausgangsmaterial für den größten Teil der Untersuchungen diente ein kommerzielles PÄT-Granulat mit einer relativen Lösungsviskosität von 1,31 (gemessen in einer Mischung von Tetrachloräthan/Phenol 1:1 bei 20 °C).

Die Plättchen wurden durch Schmelzen des PÄT-Granulats in der beschriebenen Form, wie allgemein üblich, in einem Siliconölbad hergestellt. Das Siliconöl wurde als Schmelzmedium gewählt, um einen oxydativen Abbau zu vermeiden. Der Einfluß des Siliconöls auf das Kristallisationsverhalten des PÄT wurde untersucht.

Die Aufschmelztemperatur betrug, sofern nicht anders angegeben, 260°C und die Schmelzdauer 15 min.

Nach dem Aufschmelzen des Granulats wurde die Form entweder in Petroläther, der mit flüssigem Stickstoff gekühlt wurde, abgeschreckt oder zur Temperung in ein zweites Siliconölbad getaucht.

Die Abschreckung bis unterhalb der Glastemperatur bewirkt das Einfrieren der in der Schmelze vorliegenden Struktur. Die erhaltenen glasig-amorphen PÄT-Plättchen sind fest, farblos und durchsichtig, Nach einer Temperbehandlung oberhalb der Glastemperatur werden die Plättchen weiß, spröde und undurchsichtig.

Bei den Aufschmelz- und Temperbehandlungen wurde die Temperatur auf ± 2°C konstant gehalten.

Für das Fourier-Verfahren wurden quaderförmige Blockproben der Abmessung $25 \times 12 \times 5$ mm³ mit einer möglichst glatten und ebenen Oberfläche hergestellt. Eine andere Probenform bestand aus 6 runden Filmplättchen mit einem Durchmesser von 30 mm und weniger als 1 mm Dicke. Bei diesen Proben war eine besonders gute Einhaltung der Temperbedingungen bezüglich der einzelnen Plättchen gewährleistet. Eine Übersicht über die Herstellungsbedingungen der verschiedenen Proben ist in den Tabellen 1 und 2 enthalten.

Tabelle 1. Probenherstellung für die klassische Auswertung

Umordnung	Proben-Serie	Herstellung der Probe für die Temperung	Temperung		Abkühlung
			Temperatur T_t °C	Zeit t_t min	
Isotherm aus Glaszustand	IG	Aufheizung direkt auf T_t	90···230	0,25; 0,50	Abschreckung
Nichtisotherm aus Glaszustand	NG	Aufheizung schrittweise	90···230	60	Abschreckung
Isotherm aus Schmelze	IS	Abschreckung im zweiten Siliconölbad	240···100	1, 2 u. 15	Abschreckung
Nichtisotherm aus Schmelze	NS	Abkühlung langsam im Schmelzbad	240···100	unterschiedlich	Abschreckung

Tabelle 2. Probenherstellung für die Auswertung nach dem Fourier-Verfahren sowie einige Ergebnisse

Proben			Behandlung		Reflexverbreiterungen			
Nr.	Form und Vorbehandlung	rel. Molekülmasse · 10⁻⁴	Temperung (1 h)	Abkühlung	Komb.	ϱ_L	Komb.	ϱ_L
F4	Film		20°C	Abschreck.	F4/F0	0,1032		
F3			90°C		F3/F0	0,0769		
F2			230°C		F2/F0	0,0058		
F1			243°C		F1/F0	0,0007		
F0			246°C		—	—		
A3	Block	0,6	20°C	3 grd/min	A3/A0	0,0958	B3/A3	0,0112
A2			120°C		A2/A0	0,0203	B2/A2	0,0112
A1			170°C		A1/A0	0,0138	B1/A1	0,0112
A0			220°C		—	—	B0/A0	0,0112
B3	Block	3,7	20°C	3 grd/min	B3/B0	0,0958		
B2			120°C		B2/B0	0,0203		
B1			170°C		B1/B0	0,0138		
B0			220°C		—	—		
H1	Block	0,6	Schmelze	1,5 grd/min	H1/A0	−0,0074		
H2		3,7			H2/B0	−0,0074		
C0	Block,	0,6	Schmelze	1,5 grd/min	—	—		
C1	24 h bei 110°C	1,55/1,02			C1/C0	0,0019		
C2	Vakuum getr.	2,7/1,62			C2/C0	0,0075		
C3		2,76/1,97			C3/C0	0,0081		
C4		3,7/2,06			C4/C0	0,0101		
C5		5,3			C5/C0	0,0140		
E1	Block, ungetr.	3,7	Schmelze		E1/C4	−0,0047	E1/C0	0,0045
E2	Block, 1 h gekocht				E2/C4	−0,0064	E2/C0	0,0022

4. *Umordnungskinetik von PÄT*

4.1. Klassische Auswertung der Röntgenstreukurven

4.1.1. Umordnung aus dem glasig-amorphen Zustand

Isotherme Umordnung

Aus der Schmelze abgeschreckte, glasig-amorphe PÄT-Proben wurden bei Temperaturen zwischen 90 und 230 °C zwischen 0,25 und 60 min lang getempert. Nach der Temperung wurden die Proben in mit flüssigem Stickstoff gekühltem Petroläther eingefroren. Anschließend wurde der Ordnungszustand der Proben röntgenographisch untersucht.

Die nach Gleichung (1) aus Röntgenfilmaufnahmen ermittelten Werte für den Ordnungsgrad O_α der Probenserie *IG* der Tabelle 1 sind in Bild 2 graphisch wiedergegeben. Die Umordnung verläuft in zwei unterschiedlichen Prozessen, die von *Zachmann* [9] als „Hauptkristallisation" (steiler Anstieg) und „Nachkristallisation" (anschließender flacher Anstieg) bezeichnet worden sind. Der erreichbare Ordnungsgrad wächst mit steigender Tempertemperatur.

Aus Bild 2 ist weiter zu ersehen, daß die Geschwindigkeit der Ordnungsbildung bei etwa 170 °C am größten ist. Nimmt man die Wendepunkte der ansteigenden Kurven als Charakterisierungsmaß, dann ergibt sich für die Geschwindigkeit der Umordnung die in Bild 3 wiedergegebene Kurve.

Trägt man die Werte für den Ordnungsgrad in Abhängigkeit von der Temperatur auf (Bild 4), dann erkennt man, daß die Umordnung hauptsächlich in zwei Temperaturbereichen stattfindet: zwischen 90 und 100 °C und zwischen 190 und 220 °C.

Aus dem Bild 5 ist zusätzlich zu entnehmen, daß ein aus dem Peak 3 errechneter partieller Ordnungsgrad den Hauptanteil für den Umordnungsbereich bei ca. 200 °C liefert. Das bedeutet, daß die Ordnungsverbesserung oberhalb 180 °C vorwiegend in der Richtung der (100)-Ebene erfolgt. Bei Temperzeiten kleiner als 60 min ist infolge der geringen Ordnungsgeschwindigkeit und des geringen Wärmeleitvermögens der höchste Ordnungsgrad noch nicht erreicht.

Nichtisotherme Umordnung

Nachdem festgestellt worden war, daß eine Temperzeit von 60 min für die Beendigung der „Hauptkristallisation" bei Tempertemperaturen zwischen 100 und 230 °C ausreicht, wurde ein Vergleich der isothermen und der nichtisothermen Umordnung von PÄT folgendermaßen durchgeführt:

1. Einzelne glasig-amorphe PÄT-Proben wurden je 1 h bei den angegebenen Temperaturen getempert und dann abgeschreckt.
2. Ein und dieselbe PÄT-Probe wurde je 1 h bei schrittweise erhöhten Temperaturen getempert. Nach

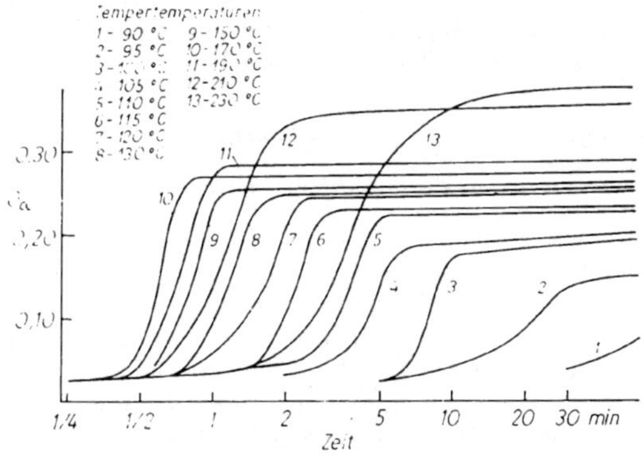

Bild 2. Abhängigkeit des Ordnungsparameters O_α von der Temperzeit für verschiedene Tempertemperaturen

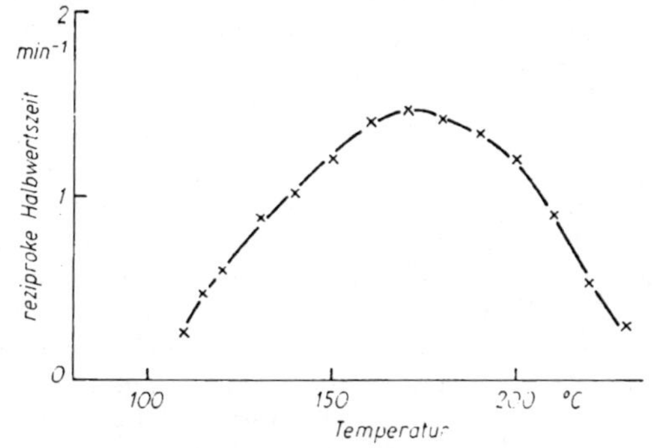

Bild 3. Umordnungsgeschwindigkeit in Abhängigkeit von der Tempertemperatur

(Reziproke Halbwertszeit der „Hauptkristallisation")

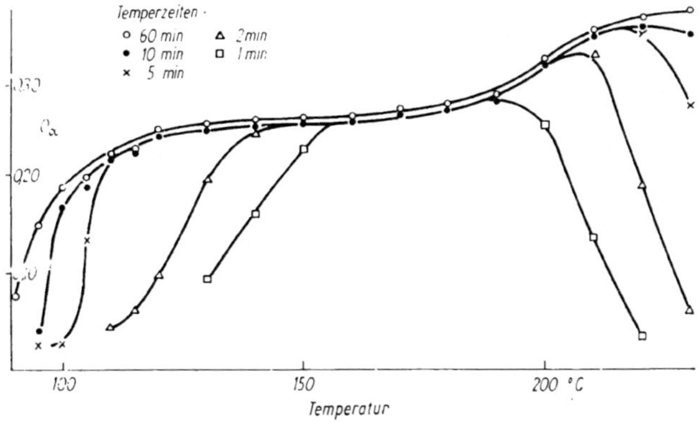

Bild 4. Abhängigkeit des Ordnungsparamters O_α von der Tempertemperatur für verschiedene Temperzeiten

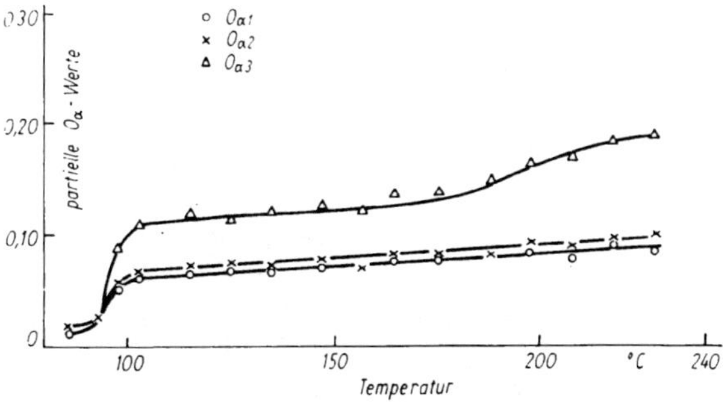

Bild 5. Partielle Ordnungsparameter $O_{\alpha 1}$, $O_{\alpha 2}$ und $O_{\alpha 3}$ für die drei Hauptinterferenzen

$$\left(O_{\alpha j} = \frac{F_j}{U + M + \sum F_i}\right) \text{ mit } O_\alpha = \sum O_{\alpha j}$$

jedem Tempern folgte Abschrecken, Röntgenuntersuchung und neue Temperung bei der folgenden Temperatur.

Die Werte für beide Temperbehandlungen stimmen bei klassischer Auswertung überein. Das bedeutet, daß es für jede Tempertemperatur bei der Umordnung aus dem glasig-amorphen Zustand einen charakteristischen O_α-Wert gibt, der nicht von der Art des Aufheizens bis zu dieser Temperatur (isotherm oder nichtisotherm), sondern nur von der Dauer des Temperns bei dieser Temperatur abhängt.

4.1.2. Umordnung aus der Schmelze

Isotherme Umordnung

Um die isotherme Umordnung von PÄT zu untersuchen, wurde die Probenform mit der Schmelze direkt nach dem Aufschmelzen in einem zweiten Siliconölbad bei verschiedenen Temperaturen zwischen 100 und 240 °C und für verschieden lange Zeiten getempert (vgl. Tabelle 1). Nach dem Ablauf der bestimmten Zeit folgte Abschrecken und röntgenographische Untersuchung der erhaltenen PÄT-Plättchen.

Im Bild 6 ist die Auftragung von O_α gegen die Tempertemperatur wiedergegeben.

Bei 0,25 und 0,5 min Temperzeit wurde für alle Tempertemperaturen der gleiche, niedrige O_α-Wert festgestellt.

Ab 1 min Temperzeit tritt ein Maximum im Verlauf der O_α-Tempertemperatur-Kurve auf. Die größten O_α-Werte treten bei Temperzeiten von 1 min, 2 und 15 min im Temperaturintervall 165 bis 175 °C auf.

Das Fehlen von röntgenographisch nachweisbaren O_β-Unterschieden bei 0,5 min Temperzeit spricht dafür, daß die Induktionszeit bei der isothermen Umordnung aus der Schmelze größer als bei der isothermen Umordnung aus dem glasig-amorphen Zustand ist. Dort erreicht, wie im Abschnitt 4.1.1 gezeigt, O_α für 0,5 min bei 170 °C den Wert 0,8.

Für diese Tatsache lassen sich zwei mögliche Ursachen angeben. Es ist denkbar, daß im glasig-amorphen Zustand schon eine gewisse Ordnung besteht; andererseits ist dieses Verhalten durch die Keimbildung zu erklären, deren größte Geschwindigkeit nach übereinstimmender Ansicht vieler Autoren (vgl. *Zachmann* [9]) bei einer Temperatur unterhalb der der größten Umordnungsgeschwindigkeit liegt.

Der flache Kurvenverlauf bei niedrigen Temperaturen und 1 sowie 2 min Temperzeit ist mit der geringen Größe des kritischen Keimes bei diesen Temperaturen zu erklären.

Bei höheren Temperaturen ist der kritische Keim viel größer, und dementsprechend braucht seine Ausbildung längere Zeit.

Nichtisotherme Umordnung

Bei diesen Untersuchungen wurde das aufgeschmolzene PÄT-Granulat in der zerlegbaren Plättchenform nach Ausschalten der Siliconölbadheizung bis zum Erreichen der entsprechenden Temperatur langsam abgekühlt. Dann wurden die erhaltenen Proben abgeschreckt und röntgenographisch untersucht.

Die Herstellungsbedingungen der in diesem Abschnitt untersuchten Proben sind in Tabelle 1 angegeben.

Die aus den Streukurven berechneten O_α-Werte sind in Bild 7 als Funktion der Temperatur, bei der das Abschrecken erfolgte, aufgetragen.

Der Ordnungsparameter O_α nimmt ab 230 °C schnell zu und erreicht bei 175 °C einen Wert, der sich mit der weiteren Abnahme der Temperatur nicht mehr ändert.

Einen Vergleich des hier bei 175 °C erreichten höchsten O_α-Wertes ($O_\alpha = 0{,}325$) mit dem bei derselben Tempertemperatur bei der Umordnung aus dem glasig-amorphen Zustand erreichten Wert ($O_\alpha = 0{,}28$) zeigt, daß die Makromoleküle bei der nichtisothermen Umordnung aus der Schmelze wegen der größeren Beweglichkeit bessere Ordnungsmöglichkeiten haben.

4.2. Auswertung mit dem Fourierverfahren

4.2.1. Umordnung aus dem glasig-amorphen Zustand

Es wurden fünf in Tabelle 2 mit F 0 bis F 4 bezeichnete Proben nach Abschrecken aus der Schmelze jeweils bei den angegebenen Temperaturen getempert und mittels des Fourier-Verfahrens untersucht. Als Probenform wurde hierbei der Film gewählt, um eine möglichst strenge Einhaltung der Temper- und Abschreckbedingungen zu sichern. Bild 8 gibt die Streudiagramme wieder. Man erkennt eine deutliche Zunahme der Reflexhöhe mit zunehmender Tempertemperatur, was auf eine entsprechende Verbesserung der Ordnungsgüte in den getemperten Proben hinweist.

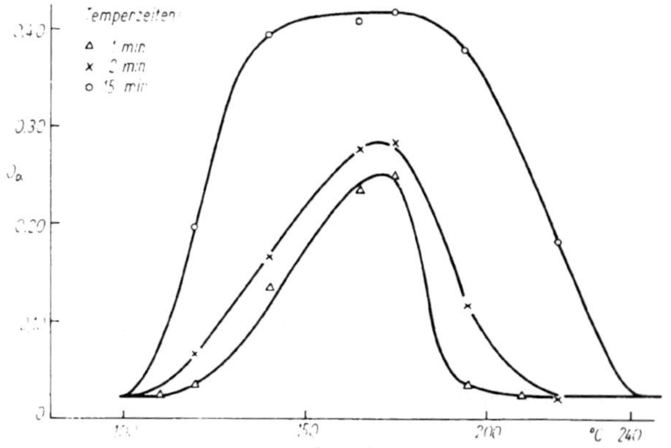

Bild 6. Isotherme Umordnung aus der Schmelze

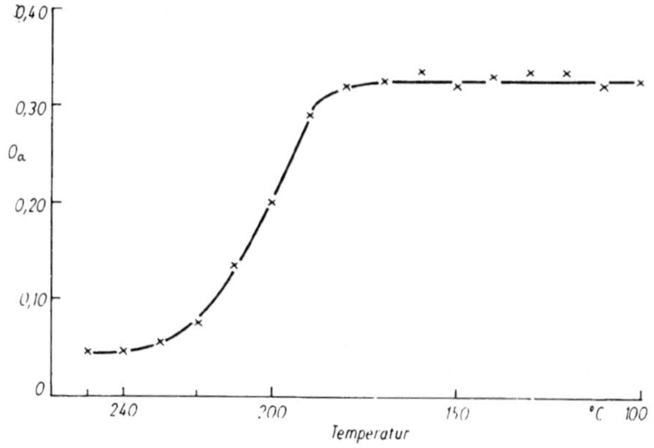

Bild 7. Nichtisotherme Umordnung aus der Schmelze

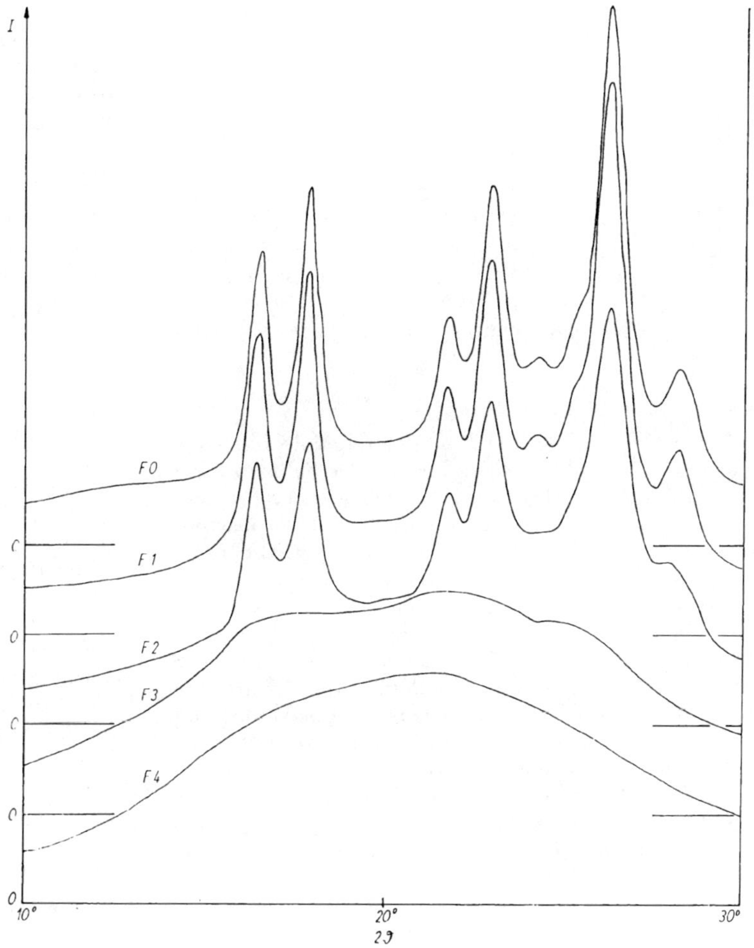

Bild 8. Röntgenstreukurven verschieden getemperter PÄT-Proben (Probenbezeichnung gemäß Tabelle 2)

Bild 9 zeigt die Auftragung von $\ln d_\nu$ über ν nach Gleichung (5b). Die Diagrammpunkte ordnen sich mit einer experimentell bedingten Streuung auf Geraden an, womit zunächst die Annahme einer *Lorenz*förmigen Verbreiterungsfunktion $g(x)$ gerechtfertigt ist. Aus der Steigung der Geraden wurde ϱ_L als Maß für die Halbwertsbreite von $g(x)$ und damit für die Reflexbreiten berechnet. Die berechneten ϱ_L-Werte — jeweils bezogen auf die bestgeordnete F 0-Probe — sind ebenfalls Tabelle 2 zu entnehmen. Erwartungsgemäß ergeben sich um so kleinere Werte für ϱ_L und damit um so kleinere Halbwertsbreiten von $g(x)$, je höher die Tempertemperaturen liegen.

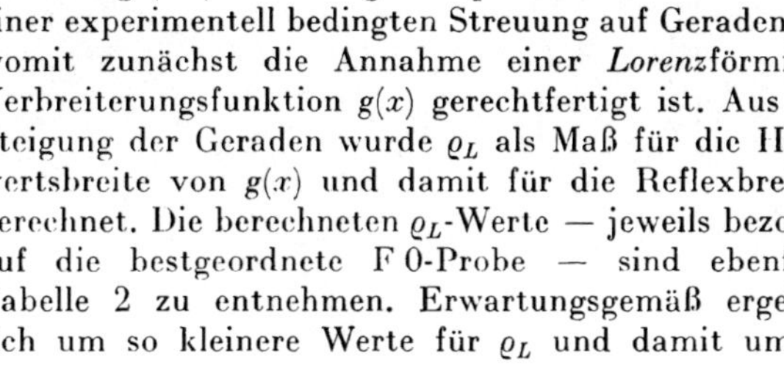

Bild 9. Auftragung von $\ln d\gamma = f(\nu)$ nach Gleichung (3) für die Proben *F*

Von besonderer Bedeutung ist, daß sämtliche Geraden im Bild 9 die Ordinate im Nullpunkt schneiden. Nach Gleichung (5b) bedeutet das, daß $k_1 = 1$ und daher der Ordnungsgrad β konstant ist für alle Proben und durch eine Temperung allein nicht beeinflußt werden kann.

Um zu klären, ob dieser Sachverhalt auch für Proben aus unterschiedlichen Ausgangsmaterialien gegeben ist, wurden zwei weitere Probenserien ausgewertet. Vier Proben A 0 bis A 3 mit der rel. Molekülmasse 0,6 wurden genau der gleichen Temperaturbehandlung wie vier Proben B 0 bis B 3 mit der rel. Molekülmasse 3,7 unterworfen.

Wie man sieht, ergeben sich innerhalb der Temperserien identische Verhältnisse. Stets erhält man bei der $\ln d_\nu$-ν-Auftragung Geraden, die durch den Nullpunkt gehen. Für beide Temperserien ist damit ebenfalls die Konstanz von β nachgewiesen.

Vergleicht man gleichgetemperte Proben, so ergeben sich unabhängig von der Tempertemperatur stets die gleiche Abnahme der Reflexbreite bei den Proben mit der höheren rel. Molekülmasse (Tabelle 2, letzte Spalte: $\varrho_L = 0{,}0112$). Auf diesen Punkt wird später noch eingegangen werden.

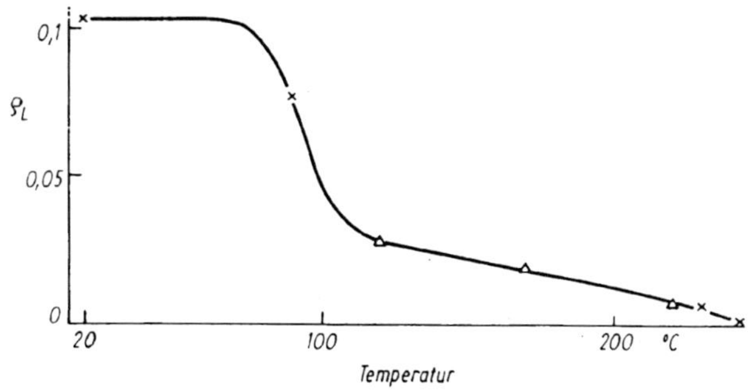

Bild 10. ϱ_L-Werte in Abhängigkeit von der Tempertemperatur

4.2.2. Umordnung aus der Schmelze

Die zwei Proben H 1, H 2 mit den rel. Molekülmassen 0,6 und 3,7 wurden gleichartig aus der Schmelze mit etwa 1,5 grd/min abgekühlt. Ähnlich wie bei der Umordnung aus dem glasig-amorphen Zustand beobachtet man eine von der rel. Molekülmasse unabhängige Änderung der Reflexbreiten. Bei gegebener rel. Molekülmasse bestimmt man gegenüber den Proben A 0 bzw. B 0 einheitlich eine Verringerung der Reflexbreiten entsprechend $\varrho_L = -0{,}0074$. Es macht sich hier der Einfluß der langsameren Abkühlung von 1,5 grd/min gegenüber 3 grd/min im Sinn einer Verbesserung der übermolekularen Ordnung deutlich bemerkbar.

In Bild 10 sind die ϱ_L-Werte bezüglich der Proben A 0 bis A 3, kombiniert mit der Probe H 1, bzw. B 0 bis B 4, kombiniert mit der Probe H 2, grafisch über der Tempertemperatur aufgetragen. Unabhängig von der rel. Molekülmasse ergibt sich eine *s*-stufenförmige Temperaturabhängigkeit von ϱ_L. Zwischen 20 und 80 °C bleibt zunächst die Linienbreite konstant, fällt mit Erhöhung der Temperatur auf 110 °C steil ab und weist bei weiterer Erhöhung der Temperatur nur noch eine langsame Abnahme von ϱ_L auf. Dieser Befund steht im Einklang mit den im Abschnitt 4.1.2 dieser Arbeit durchgeführten Untersuchungen zur Umordnungskinetik von PÄT.

4.2.3. Einfluß der rel. Molekülmasse

Für die Untersuchung des Einflusses der rel. Molekülmasse auf die Strukturbildung wurden sechs Proben mit der Bezeichnung C 0 bis C 5 in Tabelle 2 unter einheitlichen Bedingungen hergestellt. Das Ausgangsmaterial wurde in jedem Falle vor dem Aufschmelzen in Siliconöl 24 h lang bei 110 °C im Vakuum getrocknet. Eine Wasserbestimmung nach dem Trocknen zeigte, daß die Proben kein Wasser mehr enthalten. Die rel. Molekülmasse verringerte sich im allgemeinen während der Schmelzbehandlung. Über die experimentell bestimmten rel. Molekülmassen der Materialien vor und nach der Schmelzbehandlung gibt ebenfalls Tabelle 2 Auskunft (Spalte 3).

Bild 11 gibt einen Überblick über die in Abhängigkeit von der rel. Molekülmasse beobachteten Änderungen in den Streukurven. Die Auswertung nach dem Fourier-Verfahren zeigt, daß β für alle Proben wiederum konstant ist. Die ϱ_L-Werte nehmen mit zunehmender rel. Molekülmasse der Proben ebenfalls zu, und zwar um so stärker, je niedriger die rel. Molekülmasse ist (Bild 12). Die Moleküle mit der niedrigeren rel. Molekülmasse und damit den kürzeren Ketten, zeigen damit deutlich das bessere Kristallisationsverhalten.

4.2.4. Einfluß des Wassergehaltes

Es wurden die Streukurven des gleichen Ausgangsmaterials, einmal im Vakuum getrocknet (Probe C 4), zum anderen ungetrocknet (Probe E 1) rund 1 h lang

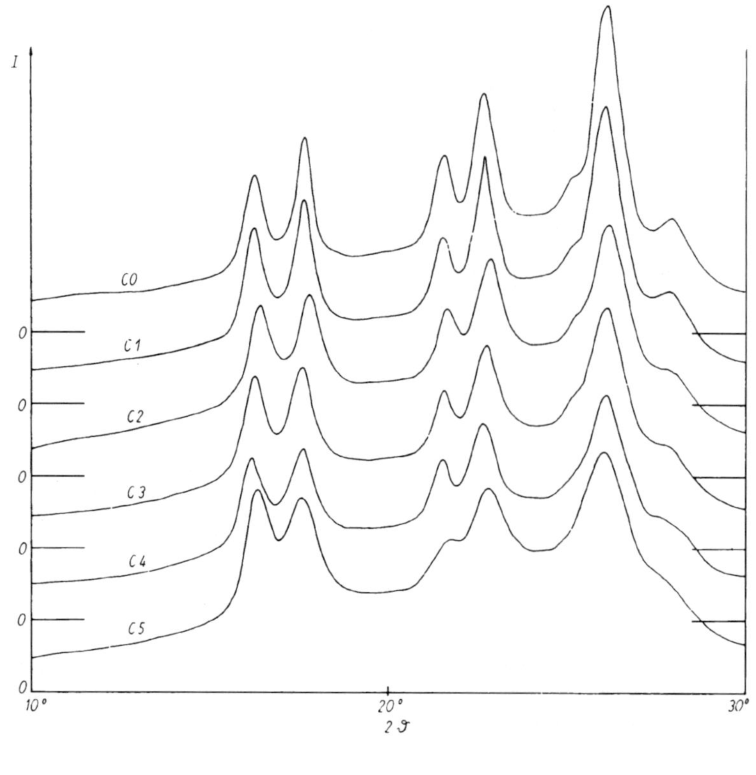

Bild 11. Röntgenstreukurven von Proben mit unterschiedlicher rel. Molekülmasse (Probenbezeichnung gemäß Tabelle 2)

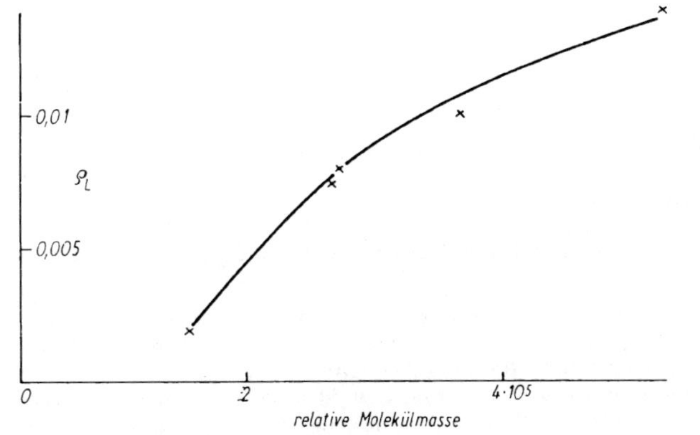

Bild 12. ϱ_L-Werte als Funktion der rel. Molekülmasse des Ausgangsmaterials der verglichenen Proben

im Wasser gekocht (Probe E 2) und miteinander verglichen. Tabelle 2 zeigt, daß die Proben mit dem höheren Wassergehalt die kleineren ϱ_L-Werte besitzen.

Dieses Verhalten ist verständlich, wenn man beim Aufschmelzen Abbauvorgänge annimmt, die wesentlich durch den Wassergehalt in den Proben bestimmt werden. Wie im vorangegangenen Abschnitt deutlich geworden ist, korrelieren mit der niedrigeren rel. Molekülmasse auch die niedrigeren ϱ_L-Werte.

Es muß darauf hingewiesen werden, daß die Deutungen zum Einfluß der rel. Molekülmasse auf die Ausbildung der übermolekularen Ordnung im PÄT nur qualitativen Charakter tragen.

In diesem Zusammenhang muß berücksichtigt werden, daß es bisher nicht möglich war, die während des Aufschmelzens auftretenden Änderungen der rel. Molekülmasse zu vermeiden. Hier machen sich die Herstellungsbedingungen der Ausgangsmaterialien, wie z. B. Menge und Art von Katalysatoren u. ä., in starkem Maße und nur schwer erfaßbar bemerkbar.

5. *Zusammenfassung*

Systematische Untersuchungen zur Umordnungskinetik von PÄT wurden durchgeführt. Dabei konnte sowohl für die Ordnungsbildung aus dem glasig-amorphen Zustand als auch aus der Schmelze ein quantitativer Überblick über die röntgenographisch charakterisierbaren Unterschiede erhalten werden.

Des weiteren konnten Einflüsse der rel. Molekülmasse und des Wassers in der Probe nachgewiesen werden.

Durch die Anwendung von zwei verschiedenen Auswerteverfahren für Röntgenstreukurven konnte festgestellt werden, daß man die Röntgenstreukurven von partiell-kristallinen Polymerfestkörpern sehr unterschiedlich interpretieren kann.

Während man bei der klassischen Auswertung durch willkürliche Trennung der Streukurve in zwei unterschiedliche Ordnungsanteile bei der Temperbehandlung unterschiedliche Ordnungsgrade 0_α errechnet (in der Literatur leider vereinfacht, aber unkorrekt als „Kristallinitätsgrad" bezeichnet), liefert das Fourier-Verfahren bei einer willkürfreien, analytischen Zerlegung die Aussage, daß die Anteile der zwei Komponenten konstant bleiben. Die Änderungen im Röntgendiagramm werden auf linienverbreiternde Einflüsse bei der ordnungsfähigen Komponente zurückgeführt. Allerdings ist die früher angeführte These, daß ein echter „Kristallinitätsgrad" mit dem Fourier-Verfahren z. Z. bereits bestimmt werden kann und daß dieser „Kristallinitätsgrad" konstant bleibt, nicht ganz richtig.

Es wird festgestellt, daß ein ungeordneter Anteil konstant bleibt, ebenso wie der Anteil der ordnungsfähigen Komponente; in der ordnungsfähigen Komponente ändert sich dagegen der Ordnungsgrad beim Tempern, was mit der Linienverbreiterungsfunktion charakterisiert wird.

Der mit dem Fourier-Verfahren errechnete Ordnungsgrad β korreliert mit dem Ordnungsgrad 0_β nach dem klassischen Verfahren; die Verbreiterungsfunktion $g(x)$ mit dem Ordnungsgrad 0_α. Die Aussagen der mit dem Fourier-Verfahren erhaltenen Werte sind exakter, für eine einfache Charakterisierung dagegen reichen die klassischen Werte aus.

Zur Problematik der Interpretation von Röntgenstreukurven wird in Kürze in einer anderen Arbeit berichtet werden [14].

6. *Literatur*

[1] *Hermans, P. H.*, und *Weidinger, A.:* Quantitative X-ray investigations on the crystallinity of cellulose fibers. A background analysis. J. appl. Physics **19** (1948) 5, S. 491–506.

[2] *Natta, G., Corradini, P.*, und *Cesari, M.:* Determinazione quantitativa della cristallinità del polipropilene. Atti Acad. nat. Lincei Ser. 8, **22** (1957) S. 11–17.

[3] *Teichgräber, M.:* Die übermolekulare Struktur hochpolymerer Verbindungen. Teil I: Ein Fourierverfahren zur röntgenographischen Bestimmung des Kristallinitätsgrades. Faserforsch. u. Textiltechnik **18** (1967) 7, S. 336–342.

[4] *Teichgräber, M.:* Die übermolekulare Struktur hochpolymerer Verbindungen. Teil III: Ein Fourierverfahren zur röntgenographischen Bestimmung eines Kristallinitätsgrades unter Berücksichtigung von Linienverbreiterungen. Faserforsch. u. Textiltechnik **18** (1967) 11, S. 517–521.

[5] *Ruscher, Ch.:* Die Bestimmung von Struktur und Eigenschaftsparametern von Polymerfestkörpern. Faserforsch. u. Textiltechnik/Z. Polymerforsch. — im Druck.

[6] *Ruland, W.:* X-ray determination of crystallinity and diffuse disorder scattering. Acta crystallogr., Copenhagen **14** (1961) S. 1180–1185.

[7] *Bodor, G., Kalló, D.* und *Grell, M.:* Bemerkungen zur Bestimmung der Kristallinität und der kristallinen Teilchengröße der Polypropylenfasern. Kolorisztikai Ertesitő **5** (1963) S. 294–308.

[8] *Ruscher, Ch.:* Die Feinstruktur der Hochpolymeren. Einführungsvortrag zum 2. Erweiterten Colloquium über dieses Thema vom 8. bis 10. Juni 1964 in Berlin und Teltow-Seehof. Faserforsch. u. Textiltechnik **15** (1964) 11, S. 513–521.

[9] *Zachmann, H. G.:* Das Kristallisations- und Schmelzverhalten hochpolymerer Stoffe. Fortschr. Hochpolymeren-Forsch. **3** (1964) S. 582–671.

[10] *Statton, W. O.:* The meaning of crystallinity when judged by X-rays. J. Polymer Sci., C: Polymer Symposia **18** (1967) S. 33–50.
Kevesh, S., und *Schultz, J. M.:* Meaning and Measurement of crystallinity in Polymers. Polymer engin. Sci. **9** (1969) 5, S. 331–338.

[11] *Kirkpatrick, P.:* On the theory and use of Ross filters. II. III. Rev. sci. Instr. **10** (1939) S. 186; **15** (1944) S. 223–229.

[12] *Teichgräber, M.:* Die übermolekulare Struktur hochpolymerer Verbindungen. Teil V: Zur Bestimmung des absoluten Kristallinitätsgrades mittels eines früher abgeleiteten Fourierverfahrens. Faserforsch. u. Textiltechnik **19** (1968) 2, S. 56–62.

[13] *Teichgräber, M.*, und *Schilling, B.:* Die übermolekulare Struktur hochpolymerer Verbindungen. Teil VII: Röntgendiffraktometrische Bestimmung eines absoluten Kristallinitätsgrades an Polypropylen mittels eines Fourierverfahrens. Faserforsch. u. Textiltechnik **20** (1969) 5, S. 242–248.

[14] *Ruscher, Ch.:* Zur Problematik der Interpretation von Röntgenstreukurven partiellkristalliner Polymerfestkörper. Faserforsch. u. Textiltechnik/Z. Polymerforsch. — im Druck.

Eingegangen am 30. September 1974

Faserforschung und Textiltechnik 25 (1974) Heft 12
Zeitschrift für Polymerforschung

Chemiezellstoff aus ägyptischer Bagasse

III. Druckloser Aufschluß

M. Amine Abou-State

Naturwissenschaftliche Fakultät der Universität Kairo. Chemische Abteilung, Giza ARE.

DK 661.728.312:677.21.08:661.728.221:676.1.022:542.938

Zellstoffe aus der Bagasse wurden nach dem Vorhydrolyse-NaOH-Verfahren unter Atmosphärendruck hergestellt. Verglichen wurden Zellstoffe, die mit H_2SO_4 höherer Konzentration vorhydrolysiert und anschließend mit schwachem Alkali aufgeschlossen wurden, mit solchen, die mit schwacher Säure vorhydrolysiert und mit starkem Alkali erkocht wurden. Dabei konnte festgestellt werden, daß die Vorhydrolysestufe einen größeren Einfluß auf den Aufschlußgrad und die Eigenschaften des Zellstoffs ausübt. Ebenfalls verglichen wurden unter atmosphärischem und bei erhöhtem Druck erkochte Zellstoffe. Im letzteren Falle besaßen die Zellstoffe bessere chemische Eigenschaften, während im ersteren Falle die Ausbeute und die Reaktionsfähigkeit bei der Xanthogenierung günstiger waren.

Целлюлоза для химической переработки из египетской багассы

III. Варка под атмосферном давлении

По методу щелочной варки при атмосферном давлении с предгидролизом были получены образцы целлюлозы из багассы. При этом сравнивались образцы, полученные в условиях предгидролиза с серной кислотой повышенной концентрации и варки с пониженной концентрации щелочи, с таковыми, полученными при обратной комбинации концентраций. Установлено, что более сильное влияние на степень провара и свойства целлюлозы оказывают условия предгидролиза. Кроме того, сравнивались образцы, полученные в условиях варки при атмосферном и повышенном давлении. В последнем случае целлюлоза обладала лучшими химическими свойствами, тогда как при первом методе наблюдались повышенные выход и реакционная способность при ксантогенировании.

Dissolving Pulps From Egyptian Bagasse

III. Atmospheric Pressure Pulping

Bagasse was pulped under atmospheric pressure by the prehydrolysis-soda process. Pulps produced by using low concentration of sulphuric acid in prehydrolysis followed by high alkali concentration in pulping, and vice versa, were compared. The prehydrolysis step was found to exert a great influence on the degree of pulping as well as on pulp properties. Normal and elevated pressure pulping were compared. Although the latter resulted in better chemical characteristics, yet the former had the advantage of higher yield and better reactivity towards xanthation.

1. Einleitung

Die aufgelockerte Struktur der Bagasse und der verhältnismäßig niedrige Ligningehalt gestatten die Anwendung milder Aufschlußbedingungen. Im Teil II dieser Fortsetzungsarbeiten [1] wurde festgestellt, daß die Zellstoffeigenschaften sich verbessern, wenn beim konventionellen Vorhydrolyse-NaOH-Aufschluß bei niedrigen Temperaturen gekocht wird.

Das Ziel der vorliegenden Arbeit bestand darin, weitere Untersuchungen in dieser Richtung durchzuführen, um beim drucklosen Aufschluß den Einfluß verschiedener Vorhydrolyse- und Kochbedingungen auf die chemischen, physikalischen und submikroskopischen Eigenschaften der Zellstoffe zu studieren.

Wie bereits berichtet [2], ändern sich die chemischen Eigenschaften des Bagassezellstoffs auch nicht, wenn man die Vorhydrolysestufe intensiviert und die Alkalikochstufe milder durchführt. Dennoch wurde im Teil II [1] festgestellt, daß die Erhöhung der Säurekonzentration in der Vorhydrolysestufe bzw. der Alkalikonzentration in der Kochstufe zu einer Verbesserung der chemischen, physikalischen und submikroskopischen Eigenschaften des Zellstoffs führt. Diese Untersuchungen erfolgten unter Druck bei dem konventionellen Vorhydrolyse-NaOH-Verfahren. Beabsichtigt war bei diesen Untersuchungen, wie bereits erwähnt, die Vorhydrolyse sowie die Kochung unter Atmosphärendruck durchzufahren. Durch diese Untersuchungen sollten die Eigenschaften von verschieden hergestellten Zellstoffen verglichen werden. Einmal wurde die Vorhydrolyse mit schwacher Säure und die Kochung mit stärkerer Lauge durchgeführt, zum anderen wurde umgekehrt verfahren. Außerdem sollten der konventionelle Druckaufschluß und die Kochung unter Atmosphärendruck gegenüber gestellt werden.

2. Experimenteller Teil

Der eingesetzte Rohstoff, die Versuchsbedingungen sowie die Analytik waren die gleichen, wie in früheren Veröffentlichungen angegeben [1, 3].

3. Ergebnisse und Diskussion

3.1. Aufschluß unter Atmosphärendruck

3.1.1. Der Einfluß der Säure- und Alkalikonzentration (Tabelle 1)

Der Versuch 1 zeigt der Zellstoff Nr. 1 neben einer hohen Ausbeute auch einen hohen Pentosangehalt. Allerdings war der Stoff schlecht aufgeschlossen. Um den Pentosangehalt zu senken und den Aufschlußgrad zu verbessern, wurde die Konzentration der NaOH bis auf 3,132% erhöht. Dabei sank der Pentosangehalt bei gleichzeitigem Anstieg des Weißgehaltes des Zellstoffs. Allerdings war der Gehalt an Splittern und unaufgeschlossenen Bruchstücken ziemlich hoch (Nr. 2). Es zeigte sich, daß es nicht gelingt, Chemiezellstoffe herzustellen, wenn die Vorhydrolysestufe mit 3% H_2SO_4 (auf Stoff bezogen) durchgeführt wird, auch dann nicht, wenn der anschließende Alkaliaufschluß

Tabelle 1. Einfluß der Säure- und Alkalikonzentration

Versuch Nr.	I		II	
Konzentration der OH_2SO_4 (g/100 g Bagasse)	3		6	
Stoffdichte	10:1		10:1	
Maximaltemperatur (°C)	100		100	
Verweilzeit bei der Maximaltemperatur	6		6	
Zellstoff Nr.	1	2	3	4
Gesamt-Na	14,5	18	14,5	18
NaOH (g/100 Stoff)	25,23	31,32	25,23	31,32
Stoffdichte.	10:1	10:1	10:1	10:1
NaOH-Konzentration (%)	2,523	3,132	2,523	3,132
Maximaltemperatur (°C)	100	100	100	100
Verweilzeit bei der Maximaltemperatur (h)	4	4	4	4
Ausbeute (%)	40,1	31,8	29,2	24,0
Pentosan (%)	10,6	7,3	3,1	2,8
α-Cellulose (%)	85,0	88,4	92,0	92,7
Asche (%)	0,13	0,10	0,07	0,06
DP	1880	1760	1620	1400
Weißgehalt (%)	84	87	91	92
WRV (%)	—	—	44,2	46,2
LRV (%)	—	—	270,1	280,4
NaOH-RV (%)	—	—	43,3	45,1
Kristallinität (%)	—	—	76,2	73,3
Reaktionsfähigkeit (% ungelöste Substanz)	—	—	79,2	78,0

Tabelle 2. Einfluß der Vorhydrolyse

Versuch Nr. a)	I	II	III	IV
Zellstoff-Nr.	1	3	5	6
Konzentration der H_2SO_4 (g/100 g Bagasse)	3	6	10	6
Stoffdichte	10:1	10:1	10:1	10:1
Konzentration der H_2SO_4-Lösung (%)	0,3	0,6	1	0,6
Maximaltemperatur (°C)	100	100	100	100
Verweilzeit bei der Maximaltemperatur (h)	6	6	6	8
Ausbeute (%)	40,1	29,2	27,8	26,5
Pentosan (%)	10,6	3,1	2,6	2,8
α-Cellulose (%)	85,—	92,—	92,6	92,3
Asche (%)	0,13	0,07	0,08	0,07
DP	1880	1620	850	860
Weißgehalt (%)	84	91	91	91
WRV (%)	—	44,2	53,0	49,5
LRV (%)	—	270,1	320,4	293,1
NaOH RV (%)	—	43,3	54,2	49,3
Kristallinität (%)	—	73,3	68,1	70,2
Reaktionsfähigkeit % ungelöste Substanz	—	79,2	75,3	77,0

a) Sämtliche Aufschlüsse wurden mit 25,23 g NaOH auf 100 g vorhydrolysierte Bagasse während 4 h bei 10 0°C durchgeführt. Stoffdichte betrug 10:1

bei hoher Alkalikonzentration erfolgt. Um einen Zellstoff mit besserem Aufschlußgrad herzustellen, wurde die Konzentration der H_2SO_4 in der Vorhydrolyse-Stufe erhöht. Eine Vorhydrolyse mit 6% H_2SO_4 (auf Stoff bezogen) führte zu Zellstoffen, die für die Viskosierung geeignet waren. (Versuch II; Zellstoff Nr. 3). Die Erhöhung der NaOH-Konzentration ihrerseits auf 3,132% verbesserte die chemischen, physikalischen und die submikroskopischen Eigenschaften des Zellstoffs. Die Ausbeute dagegen war niedrig (Versuch II; Zellstoff Nr. 4).

Die Ergebnisse unserer Untersuchungen machen deutlich, daß die Erhöhung der Säurekonzentration wirksamer ist als die Erhöhung der Alkalikonzentration. Es ist anzunehmen, daß eine höhere Säurekonzentration eine größere Anzahl von Lignin/Kohlenhydrat-Bindungen zerstört, wodurch ein besserer Delignifizierungsgrad erreicht wird. Dabei gewinnt man Zellstoffe mit guten chemischen Eigenschaften, hoher Accessibilität und besserer Reaktionsfähigkeit bei der Xanthogenierung. Selbstverständlich ist mit einer Ausbeuteverringerung zu rechnen, wenn man die Konzentration der Säure und des Alkalis erhöht. Deshalb war es von Interesse, Untersuchungen über den Einfluß der Säurekonzentration und der Hydrolysedauer durchzuführen.

3.1.2. Einfluß der Intensivierung der Vorhydrolyse

Aus der Tabelle 2 ist zu entnehmen, daß bei Steigerung der Säurekonzentration (Versuch I u. II) sowie der Verlängerung der Vorhydrolysezeit (Versuch II u. IV) die chemischen, physikalischen und submikroskopischen Eigenschaften der Zellstoffe verbessert werden. Dabei werden auch die DP-Werte niedriger, wodurch die Xanthogenierung positiv beeinflußt wird (siehe „Verbesserung der Reaktionsfähigkeit durch Verringerung des DP" [4]).

3.1.3. Gegenüberstellung der Verbesserung, die durch Erhöhung der Säurekonzentration bzw. durch die Verlängerung der Vorhydrolysezeit erreicht wurden

Es wurde bereits festgestellt, daß die im Vergleich zwischen verschieden hergestellten Zellstoffen nur statthaft ist, wenn die Stoffe den gleichen DP aufweisen [4]. Denn Zellstoffe mit niedrigerem DP weisen bessere Eigenschaften auf [4]. Die Zellstoffe 5 und 6 erfüllen diese Bedingungen, da sie praktisch denselben DP besitzen. Dennoch hat der erstere Stoff, nicht nur bessere chemische Eigenschaften, sondern besitzt auch eine offenere zugänglichere innere Struktur sowie bessere Reaktivität bei der Xanthogenierung.

3.1.4. Vergleich der Qualitätsverbesserung in Zellstoffen, die nach dem Vorhydrolyse-NaOH-Verfahren hergestellt wurden (Tabelle 3)

Die verbesserten chemischen, physikalischen und submikroskopischen Eigenschaften des Zellstoffs Nr. 3 wurden einmal durch Erhöhung der NaOH-Konzentration auf 3,132% (Versuch II Zellstoff 7) und zum anderen durch Steigerung der H_2SO_4-Konzentration der Vorhydrolyse-Stufe auf 1% erreicht (Versuch III Zellstoff 5). Aus der Tabelle sieht man deutlich, daß die Qualitätsverbesserungen, die durch die Vorhydrolyse-Stufe erreicht werden, größer sind als die durch den eigentlichen Aufschluß erzielbaren. Dies kann auf den niedrigeren DP des Zellstoffs Nr. 7 zurückzuführen sein (vgl. [4, 5]).

Tabelle 3. Vergleich der Qualitätsverbesserung bei Zellstoffen, die durch Vorhydrolyse und NaOH-Aufschluß erhalten werden

		Zelstoff	Vorhydrolyse
Versuch Nr.	II	II	II
Zellstoff Nr.	3	7	5
Ausbeute (%)	29,2	24,0	27,8
DP	1620	1400	850
Weißgehalt (%)	91	92	91
WRV (%)	44,2	46,2	53,0
LRV (%)	270,1	280,4	320,4
NaOH RV (%)	43,3	45,1	51,2
Kristallinität (%)	73,3	76,2	68,1
Reaktionsfähigkeit (% ungelöste Substanz)	79,2	78,0	75,3

3.2. *Druck- und druckloser Aufschluß*

Es wurde bereits erwähnt, daß drucklos erkochte bzw. unter Druck aufgeschlossene Chemiezellstoffe nur verglichen werden können, wenn sie den gleichen DP aufweisen [4]. In Teil II (1) der vorliegenden Fortsetzungsarbeiten wurde außerdem festgestellt, daß die Erhöhung der Säure- sowie der Alkalimenge während eines Vorhydrolyse-NaOH-Aufschlusses zu Zellstoffen mit guten Eigenschaften führt. Es scheint so, daß ein Vergleich zwischen drucklos erkochten und unter Druck aufgeschlossenen Zellstoffen dann erfolgen kann, wenn bei beiden die gleiche Chemikalienmenge eingesetzt wird, und die beiden Stoffe den gleichen DP aufweisen. Die Zellstoffe 6 und 8 aus der Tabelle 4 dienen als Beispiel, da sie diese Bedingungen erfüllen. Der unter Druck erkochte Zellstoff (Nr. 8) enthält weniger Pentosan und mehr α-Cellulose. Der andere Stoff wies eine hohe Ausbeute auf, besaß eine lockere Struktur und zeigte bei Xanthogenierung eine hohe Reaktivität.

4. *Schlußfolgerung*

Die drucklose Kochung von Bagasse nach dem Vorhydrolyse-NaOH-Verfahren mit schwacher Säure in der Vorhydrolysestufe führt nicht zu einem geeigneten Chemiezellstoff. Der Aufschluß mit stärkerer Säure und stärkerem Alkali führt zu Zellstoffen mit besseren chemischen, physikalischen und submikroskopischen Eigenschaften. Dabei ist die Vorhydrolysestufe von größerem Einfluß auf den Aufschlußgrad und die Zellstoffqualität. Die Verlängerung der Vorhydrolysedauer erweist sich als vorteilhaft, wobei man noch bessere Ergebnisse erhält, wenn mit stärkerer Säure vorhydrolysiert wird.

Um Vergleiche zwischen drucklose und unter Druck erkochten Zellstoffen zu ermöglichen, muß neben dem gleichen DP auch die Anwendung der gleichen Chemikalienmenge vorausgesetzt werden. Obwohl unter Druck hergestellte Zellstoffe bessere Eigenschaften aufweisen, wäre es von Vorteil, die Aufschlüsse unter Atmosphärendruck durchzuführen, da neben höheren Ausbeuten und lockerer Struktur auch gute Reaktivität gegenüber Xanthogenierung erzielt werden.

Tabelle 4. Aufschluß bei atmosphärischem und erhöhtem Druck

Versuch Nr.	IV	V
Zellstofftyp	atmosphärischer Druck	erhöhter Druck
Konzentration der H_2SO_4 (g/100 g Bagasse)	6	6
Stoffdichte	10:1	5:1
Maximaltemperatur (°C)	100	140
Verweilzeit bei der Maximaltemperatur (h)	8	1/2
Zellstoff Nr.	6	8
Konzentration der NaOH (g/100 g Stoff)	25,23	25,23
Stoffdichte	10:1	5:1
Maximaltemperatur (°C)	100	160
Verweilzeit bei der Maximaltemperatur (h)	4	1
Ausbeute (%)	26,5	25,1
Pentosan (%)	2,8	1,9
α-Cellulose (%)	92,3	94,6
Asche (%)	0,07	0,07
DP	860	875
Weißgehalt	91	93
WRV (%)	49,5	48,1
LRV (%)	293,1	280,3
NaOH RV (%)	49,3	47,4
Kristallinität (%)	70,2	73,0
Reaktionsfähigkeit (% ungelöste Substanz)	77,0	81,1

Literatur

[1] *Abou-State, M. A.*, Dissolving pulps from Egyptian bagasse I. Low temperature cooking. J. appl. chem. Biotechnol., London **23** (1973) S. 505—509.

[2] *Fahmy, Y. A.*, und *El-Ashmawy, E.:* A new method for production of viscose rayon pulp from bagasse. Tappi, New York **41** (1958) 8, S. 439—442.

[3] *Abou-State, M. A.*, und *El-Morsy, M. M.:* Effect of depithing on pulps from Egyptian bagasse, J. appl. chem. Biotechnol., London **22** (1972) S. 863—865.

[4] *Abou-State, M. A.*, und *Abd El-Megeid, F. F.:* Die Wirkung einiger chemischer Behandlungen auf die Eigenschaften gereinigter ägyptischer Baumwollabfasern. Faserforsch. u. Textiltechnik **23** (1972) 10, S. 435 bis 438.

[5] *Abou-State, M. A.*, und *Abd El-Megeid, F. F.:* Chemiefaserzellstoffe aus ägyptischen Baumwoll-Linters. Faserforsch. u. Textiltechnik **24** (1973) 8, S. 340—343.

Eingegangen am 6. Mai 1974

Diskussionsabend über Cellulosederivatanalytik

zur internationalen Arbeitstagung „Chemische und physikalische Methoden zur Charakterisierung von Zellstoff und von Cellulosederivaten" vom 27. bis 29. Mai 1974 in Rostock

DK: 061.3:547.8:543

Am Diskussionsabend über Cellulosederivatanalytik nahmen etwa 50 Tagungsbesucher teil. Die Veranstaltung wurde von Prof. Dr. *B. Philipp* geleitet, der nach der Begrüßung der Teilnehmer auch das Gespräch mit einer Darstellung einiger aktueller Probleme der Cellulosederivatanalytik einleitete. Der vorliegende Bericht stellt eine teilweise gekürzte Fassung der Beiträge dar.

B. Philipp, Teltow: Probleme der Cellulosederivatanalytik

Wenn wir uns die Gesamtproblematik der Cellulosederivate anschauen, so standen zunächst natürlich zwei Derivate im Mittelpunkt des Interesses, die zugleich die Hauptmenge der Chemieprodukte aus Cellulose ausmachten. Das ist einmal das Cellulosexanthogenat, also der Viskoseprozeß mit seinen vielen Zwischenstufen und seiner dementsprechend komplizierten Analytik, und das war und ist zum anderen das Celluloseacetat, bei dem die Entwicklung neuen Auftrieb erhalten hat durch die Celluloseacetatmembranen. Ich möchte aber auch hinweisen auf die ganze Richtung der Celluloseäther und einiger spezieller Ester im Hinblick auf bestimmte Hilfsstoffe und Hilfsmittel aus Cellulose, die zwar mengenmäßig — wenn wir einmal die Gesamtproduktion an Cellulose und ihre Weiterverarbeitung ansehen — von untergeordneter Bedeutung sind, die aber doch eben als Hilfsmittel für großtechnische Prozesse notwendig sind. Das bezieht sich nicht nur auf die Papierindustrie, das gilt beispielsweise auch für Polymerisationsprozesse bei synthetischen Polymeren, bei denen solche Produkte ja ebenfalls eingesetzt werden.

Ich komme damit in meinen einführenden Bemerkungen gleich zur nächsten Frage, nämlich zu den Zielen der Derivatanalytik. Ich möchte hier nur thesenartig ein paar Bemerkungen in den Raum stellen, um damit die spätere Diskussion anzuregen. Bei den Zielen der Derivatanalytik möchte ich zunächst das nach wie vor wichtige klassische Ziel der Produktkontrolle hervorheben, um eben Kennwerte zu haben, nach denen man das Produkt beurteilen kann. Daneben stellen möchte ich aber das Ziel, das wir in der Polymerforschung heute als „Reaktionsanalytik" umreißen, wobei es darum geht, bei bestimmten Prozessen durch eine vertiefte analytische Untersuchung Aussagen über den Ablauf, über Mechanismus und Kinetik als Basis einer Modellierung und Optimierung solcher Prozesse zu gewinnen. Wenn ich hier an den heute morgen von Herrn Dr. *H. Dautzenberg* gehaltenen Vortrag anknüpfe, und zwar an das Beispiel der Sulfopropylierung, bei der durch eine vertiefte analytische Untersuchung sich herausstellte, daß neben Sulfopropylgruppen offensichtlich noch andere saure Gruppen in die Kette eingebaut werden, wäre das ein Beispiel, das etwas in diese Richtung geht. Schließlich möchte ich bei den Zielen drittens noch hinweisen auf die Frage der Übertragbarkeit auf andere Polysaccharide, die möglicherweise in Zukunft stärker auf uns zukommt. Wenn die Mikrobiologie und die Biotechnologie stark ausgebaut werden, kann man damit rechnen, daß für die verschiedensten Einsatzgebiete auch andere Polysaccharide Interesse gewinnen. Ich darf hier eine kürzlich erschienene japanische Arbeit erwähnen, in der das Polysaccharid PULLULAN in chemisch vernetzter Form als umweltfreundlicher Plastrohstoff vorgestellt wurde. Das ist eine Entwicklung, die sich möglicherweise fortsetzt.

Ich möchte eine weitere Frage noch ganz kurz anreißen, nämlich die Frage der künftigen Trends der Derivatanalytik. Ich würde hier einmal die Notwendigkeit sehen, unsere Cellulosederivatanalytik nicht isoliert zu betrachten, wie das bisher oft vom Standpunkt des Cellulosechemikers aus der Fall war, sondern sie stärker als bisher zu verknüpfen, mit allgemeinen Fragestellungen der Polymeranalytik indem wir beispielsweise unvollständig substituierte Cellulosederivate gewissermaßen als Copolymere ansehen und mit den heute von synthetischen Polymeren her üblichen Fragestellungen und Methodiken der Copolymeranalyse angehen, indem wir zum anderen stärker als bisher die Verknüpfung zur Zuckerchemie sehen, wie das in verschiedenen Arbeitsrichtungen schon erfolgt, wobei ich beispielsweise an die Richtung der Hydrolyse und anschließenden gaschromatographischen Analyse der Silylderivate hier erinnere. Als einen zweiten mir wesentlich erscheinenden Trend möchte ich die Notwendigkeit der Methodenkombination ohne ein gegenseitiges Niederkonkurrieren der Methoden hervorheben. Ich glaube, auch verschiedene der bisher auf unserer Tagung gehaltenen Vorträge haben gezeigt, daß doch einerseits die klassischen chemischen Methoden nach wie vor notwendig sind und ihre Berechtigung letzten Endes als Kontrollmethoden und Eichmethoden haben, daß aber daneben physikochemische Methoden, wie beispielsweise elektrochemische Methoden, bei verschiedenen ionischen Derivaten, und physikalische, vor allem spektroskopische Methoden, doch zunehmend an Bedeutung gewinnen, und daß möglicherweise für die Zukunft auch biologische Methoden z. B. hinsichtlich des enzymatischen Abbaus vielleicht von zunehmendem Interesse sein könnten, ohne daß man sich auf eine Methodengruppe hier voll festlegen kann. Es wird wahrscheinlich die Zukunft — wie in der ganzen Polymeranalytik — doch eine Methodenkombination für grundlegende Untersuchungen erfordern, aus der man dann für laufende Untersuchungen die geeignetste auswählen muß. Schließlich möchte ich hinweisen auf den schon länger bekannten, aber sich doch in der ganzen Polymeranalytik immer stärker durchsetzenden Trend zur Aufnahme von Verteilungsspektren anstelle von Mittelwerten für eine vertiefte Untersuchung, wobei in unserem Kreise hier natürlich vor allem die Frage der Substituentenverteilung bei unvollständig substituierten Derivaten interessant ist. Während wir über die Verteilung innerhalb des Glucoseringes im allgemeinen einigermaßen Bescheid wissen, sind über die Verteilung der Substituenten längs der einzelnen Kette und von Kette zu Kette unsere Kenntnisse in vielen Fällen noch recht lückenhaft. Vor allem ist es schwierig, bei Anwendung von Fraktioniermethoden in einfacher Weise chemische und molekulargewichtsmäßige Uneinheitlichkeit zu trennen. Hier spielt dann natürlich auch noch die ganze Frage der Korrelation zum Accessibilitätsspektrum des Cellulosematerials eine Rolle, sofern wir es mit heterogenen Umsetzungen bei dieser unvollständigen Substitution zu tun haben.

Mit den hier aufgeworfenen Problemen möchte ich meine einleitenden Bemerkungen abschließen und unsere Diskussion eröffnen, wobei wir dem allgemeinen zwanglosen Gespräch zunächst einige vorbereitete Beiträge voranstellen wollen.

H. Dautzenberg, Teltow: Zur Bestimmung ionischer Gruppen in Cellulose und Cellulosederivaten

Bezugnehmend auf meinen heutigen Vortrag und in Ergänzung hierzu soll auf die Problematik der Bestimmung ionischer Gruppen in Cellulose und Cellulosederivaten —

besonders bei anionischen Cellulosederivaten — eingegangen werden. Wesentlich war bei unseren Untersuchungen die Fragestellung, ob die im heterogenen System arbeitenden Titrations- oder anderen Bestimmungsmethoden, die bei unlöslichen Cellulosederivaten zwangsläufig angewendet werden müssen, den wahren Gruppengehalt erfassen, oder ob es hier infolge strukturbedingter Unzulänglichkeiten zu mehr oder weniger großen Minusfehlern kommt. Zur Klärung dieser Frage sind die Cellulosederivate mit einem Heteroatom — wie z. B. Schwefel oder Stickstoff — im Substituenten besonders gut geeignet, da aus elementaranalytischen Vergleichsuntersuchungen festgestellt werden kann, wie weit z. B. bei anionischen Cellulosederivaten nach der Überführung in die H-Form die Titration auch tatsächlich zu richtigen Werten führt. Wie am Beispiel der Sulfopropylcellulose bereits gezeigt wurde, besteht Übereinstimmung zwischen den aus den Ergebnissen der Elementaranalyse ermittelten Substitutionsgraden und den durch Titration der sauren Gruppen plus Restnatriumgehalt ermittelten Werten. Wir führten ähnliche Untersuchungen an S-Carboxymethylxanthogenat durch, das wir durch Umsetzung von Cellulosexanthogenat mit Monochloressigsäure erhalten hatten. Für die aus Elementaranalyse und Titration bestimmten Wertepaare wurde eine Korrelationsgerade mit einem tan von 0,97 errechnet, d. h. es ergab sich annähernd eine 45°-Gerade. Als Ursache der geringen Abweichungen scheidet hier ein Natriumgehalt der Produkte aus, weil diese Präparate mehrere Stunden mit Säure gekocht, also unter schärfsten Bedingungen in die H-Form überführt wurden. Die geringen Abweichungen resultieren — wie weitere Versuche zeigten — aus einem geringen, infolge Zersetzung des Produkts entstehenden zusätzlichen Schwefelgehalt. Auch bei Diäthylaminoäthylcellulose konnten wir feststellen, daß die nach Überführung in die Hydroxylform durch Titration in Gegenwart von Natriumchlorid ermittelten Substitutionsgrade mit den aus dem Stickstoffgehalt der Produkte errechneten Werten übereinstimmen.

Bei der direkten potentiometrischen Titration der in die Säureform überführten Carboxymethylcellulosen mit Natronlauge beobachtet man eine außerordentlich langsame Potentialeinstellung, so daß praktisch eine Auswertung der Titrationskurve unmöglich wird. Durch Salzzusätze läßt sich die Potentialeinstellung wesentlich beschleunigen, wobei wir die günstigsten Erfahrungen mit Bariumchlorid gemacht haben und eine brauchbare Analysenmethode entwickeln konnten.

Wenn bei der alkalimetrischen Titration der Carboxymethylcellulose Bariumchlorid zugesetzt wird, dann erfolgt erwartungsgemäß nicht augenblicklich ein quantitativer Ionenaustausch, sondern es stellt sich ein Ionenaustauschgleichgewicht ein; man könnte jedoch annehmen, daß bei Wegtitration der im Austauschgleichgewicht vorliegenden Wasserstoffionen die Potentialeinstellung relativ rasch dieser Wegtitration der H-Ionen folgt. Aber offensichtlich ist dieser Prozeß verzögert, wofür unseres Erachtens nicht oder nur in untergeordnetem Maße das Vorliegen von Lactongruppen zur Erklärung herangezogen werden kann. Wir möchten aus diesem Verhalten eher schließen, daß Wasserstoffbrückenbindungen zwischen Carboxylgruppen untereinander oder zwischen Carboxylgruppen und Hydroxylionen dafür verantwortlich sind, daß dieser Ionenaustauschprozeß so verzögert verläuft. Eine Diffusionshemmung kommt dafür nicht in Betracht. Bei den stärker sauren Derivaten — also z. B. der Sulfopropylcellulose und dem Schwefelsäurehalbester der Cellulose — treten diese Komplikationen nicht auf, da einerseits das Ionenaustauschgleichgewicht weiter auf der Seite der H-Ionen liegt und andererseits sicher nicht diese spezifische Wechselwirkung zwischen den funktionellen Gruppen und den OH-Gruppen der Cellulose existiert.

H.-J. Flath, Dresden:

Wie schätzen Sie die übrigen Methoden zur Carboxylgruppenbestimmung in Cellulose ein, also beispielsweise die Verwendung von Thallium- oder Silbersalzen, bzw. die Methylenblaumethode?

H. Dautzenberg, Teltow:

Die zwar ebenfalls auf einem Ionenaustausch beruhende alkalimetrische Titration von Carboxymethylcellulose in Gegenwart von Neutralsalz ist im Prinzip nicht direkt vergleichbar mit der Überführung der Carboxymethylcellulose in ein schwerlösliches Salz mit anschließender gravimetrischer oder titrimetrischer Bestimmung des gebundenen Schwermetalls. Diese Methoden sind im allgemeinen brauchbar, wobei es jedoch vom Carboxylgruppengehalt abhängt, ob man sie in einem speziellen Fall anwenden kann. Bei der Erörterung der Frage, ob eine Zugabe von Schwermetallsalzen bei der alkalimetrischen Titration der Carboxylgruppen zweckmäßig erscheint, kann gesagt werden, daß diejenigen Schwermetallsalze ausscheiden, die mit Hydroxylionen schwerlösliche Fällungen ergeben, da sich hier die Bildung des Hydroxids und die Ionisierung der Carboxylatgruppen überlagern.

Wir konnten feststellen, daß man die für lösliche Carboxymethylcellulose entwickelte und weit verbreitete Uranylnitratmethode im Prinzip auch auf unlösliche Cellulosederivate ausdehenen kann, indem das aufgeschlämmte Cellulosepräparat mit Uranylnitratlösung umgesetzt wird, wobei allerdings der Carboxylgruppengehalt nicht unter 50 mmol/kg liegen sollte, weil sonst die gravimetrische Bestimmung zu ungenau wird.

Mit der Methylenblaumethode haben wir uns intensiv befaßt, weil sie in der Literatur oft als Vergleichsmethode herangezogen wird. Wir sind der Auffassung, daß die Methylenblaumethode nicht als eine Absolutmethode anzusehen ist. Wir haben bei der Anwendung der Methylenblaumethode nach Standardvorschrift mit Boratpuffer bei Unterschieden in der Ausführungsform Differenzen in den Analysenergebnissen erhalten. Wir versuchten deshalb, die Methode abzuwandeln und dabei gleichzeitig in der Handhabbarkeit zu vereinfachen und ihre Anwendbarkeit zu erweitern. Wenn man — wie üblich — von der H-Form der Carboxymethylcellulose ausgeht, dann werden durch den Austausch des Wasserstoffatoms gegen das Methylenblaukation H-Ionen frei, so daß ein Puffer benötigt wird, um einen vollständigen Ionenaustausch zu erzielen. Die Kationen des Puffers konkurrieren mit dem Methylenblau bei der Reaktion mit der Carboxylgruppe, woraus ebenfalls eine herabgesetzte Methylenblausorption resultieren sollte. Tatsächlich findet man jedoch meist zu hohe Werte. Wir überführten die Präparate in die Na-Form und arbeiteten mit völlig ungepufferter Methylenblaulösung. Der Austausch des Natriums gegen das Methylenblaukationen verläuft praktisch ohne pH-Wert-Änderung. Wenn mehrere Proben parallel angesetzt werden, dann ist die Reproduzierbarkeit der Ergebnisse recht gut. Zwischen mehreren nacheinander angesetzten Meßreihen wurde jedoch wiederholt eine schlechte Übereinstimmung erhalten. Trotz systematischer Untersuchungen zum Einfluß von Einwirkungsdauer, Schütteldauer und -intensität sowie anderer Faktoren auf das Analysenergebnis, konnten bisher die Ursachen hierfür nicht gefunden werden.

H.-J. Flath, Dresden:

Die Sorption von Methylenblau wird gelegentlich auch zur Oberflächenbestimmung verwendet; d. h., daß Methylenblau doch offensichtlich sehr gut adsorbiert werden muß, so daß vielleicht bei der Carboxylgruppenbestimmung eine Überlagerung mit der Oberflächenadsorption stattfindet.

In einer Vorschrift wird zur Bestimmung der Sulfogruppen in Sulfitzellstoffen Benzidin angegeben. Haben Sie damit Erfahrungen?

H. Dautzenberg, Teltow:

Nein.

V. Jacopian, Teltow:

Bei der Carboxylgruppenbestimmung von Zellstoffen mit der Methylenblaumethode ist das Ergebnis stark von der Celluloseeinwaage abhängig.

B. Philipp, Teltow:

Das ist möglicherweise auf die Oberflächenadsorption zurückzuführen.

H. Dautzenberg, Teltow:

Das kann zwar so sein, aber bisher ist das noch undurchsichtig.

J. Dechant, Teltow:

Herr Dr. *Dautzenberg*, Sie erwähnten, daß mit den meisten von Ihnen herangezogenen Methoden auch in heterogener Phase die fraglichen ionischen Gruppen vollständig erfaßt werden. Nun wissen wir aber z. B. aus Deuteriumaustauschmessungen, daß bei den hier angewandten Medien, die Cellulose Anteile von 20 bis 80% enthält, die für diese Medien nicht zugänglich sind. Bedeutet das, daß die ionischen Gruppen in den nichtaccessiblen Bereichen gar nicht vorhanden sind, sondern nur in den accessiblen Bereichen? Das müßte man doch aus Ihren Ergebnissen schlußfolgern.

H. Dautzenberg, Teltow:

Dem ist im Prinzip zuzustimmen. Wir haben uns bevorzugt mit pulverförmigen Cellulosematerialien befaßt, und hier ist durchaus anzunehmen, daß der größte Teil der funktionellen Gruppen in den zugänglichen und Oberflächenbereichen sitzt, denn die funktionellen Gruppen sollten ja an der Stelle entstehen, die für die Reaktion zugänglich ist. Man muß sich jedoch noch weiter mit dieser Problematik auseinandersetzen.

B. Philipp, Teltow:

Besonders kritisch wird dies natürlich, wenn man zu unmodifizierten, nativen Proben übergeht, bei denen die Unsicherheit der Analysenmethoden größer wird und man vorläufig mit der Homogentitration wegen der Fehlerbreite und des hohen Blindwerts noch nichts erreichen kann. Bei modifizierten Pulvern kann man jedoch eindeutig feststellen, daß sich die funktionellen Gruppen in den accessiblen Bereichen befinden.

E. Treiber, Stockholm:

Ich möchte in Erinnerung bringen, daß Umsetzungen in homogener und heterogener Phase sehr oft zu Produkten führen, die sich doch merklich voneinander unterscheiden, auch wenn sie denselben Substitutionsgrad haben.

H. Dautzenberg, Teltow:

Ich meine, daß für diese Fragestellung die Substituentenverteilung nicht nur entlang der Kette, sondern auch zwischen den Ketten entscheidend ist. In der Klärung dieser Frage gibt es bisher zwar einige Ansätze, aber noch nicht viele Erfolge.

P. Schmidt, Eilenburg:

Herr Dr. *Dautzenberg*, wurde von Ihnen auch der Carboxylgruppengehalt in Celluloseacetaten und Cellulosenitraten untersucht?

H. Dautzenberg, Teltow:

Nein. Über die Erfolgschancen solcher Untersuchungen läßt sich auch ohne Versuche nicht viel sagen, man muß es einmal probieren.

V. Jacopian, Teltow:

Woher sollen die Carboxylgruppen bei der Acetylierung kommen?

B. Philipp, Teltow:

Man kann oxydative Nebenreaktionen von vornherein nicht ausschließen.

H. Dautzenberg, Teltow:

Bei Cellulosesulfat wurden z. B. wesentlich mehr saure Gruppen gefunden, als dem Schwefelsäurehalbester entsprach.

K.-J. Linow, Teltow:

Auf die von Herrn *Schmidt* aus Eilenburg angeschnittene Frage zurückkommend, erscheint es mir beim Cellulosenitrat noch interessanter, nach Carbonyl- und Carboxylgruppen zu suchen als beim Celluloseacetat, da bei der Nitrierung der Cellulose ein Produkt erhalten wird, das üblicherweise als Trinitrat bezeichnet wird, das jedoch nur einen Substitutionsgrad von etwa 2,9 besitzt. Da man normalerweise keinen höheren Substitutionsgrad erreicht, bleibt die Frage offen, ob der Rest Hydroxylgruppen oder wahrscheinlicher oxydierte Gruppen sind.

E. Treiber, Stockholm:

Es gibt eine finnische Dissertation, die sich recht eingehend mit Oxydationsprozessen bei der Nitrierung beschäftigt.[1])

W. Grams und Z. Cichowski, Łódź: *Über ein Gerät und eine Methode zur Bestimmung der kolloidchemischen Viskosereife.*

Im Institut für Kunst- und Synthesefasern, Łódź, wurden eine neue Methode und ein neues Gerät zur Bestimmung der Viskosereife entwickelt, das auf einem nephelometrischen Prinzip und einer Modifikation der Elektrolytzahl beruht.[2])

Die bei der Titration der Viskose mit Ammonsulfatlösung mit dem Koagulationsverlauf einhergehende optische Änderung in der Viskoselösung wird vom Gerät erfaßt und in Abhängigkeit von der zugegebenen Menge Ammonsulfatlösung aufgezeichnet. Die automatische Gestaltung der Titration wird vom Gerät durch eine zweifache Differenzierung der nephelometrischen Impulskurven erreicht. Im Punkte K, dem Halbwert der Viskosekoagulation, an dem die Koagulationsgeschwindigkeit am größten ist, erreicht die erste Ableitung ihr Maximum, die zweite Ableitung dagegen verläuft durch Null, wobei sie ihr Vorzeichen ändert. Letztere Tatsache wurde bei der konstruktiven Lösung der Bauweise des Geräts dazu ausgenutzt, die Dosierpumpe für die Elektrolytlösung sowie das Zählwerk für die verbrauchte Lösung automatisch auszuschalten. Der nephelometrische Analysator der Viskosereife „Viscomat" besteht aus folgenden Hauptelementen:

1. Dosierpumpe für die Ammonsulfat-Lösung,
2. Meßzelle mit Titriergefäß und Magnetrührer,
3. Glühlampe zur Beleuchtung der titrierten Viskose,
4. Fotozelle,
5. Verstärker mit Differenzier-Anordnungen,
6. Regeleinrichtung für die Empfindlichkeit der Verstärker,
7. Einrichtung zur Regulierung der Pumpentätigkeit,
8. elektrisches Meßgerät als ein Teil der Steuereinrichtung,
9. Zählwerk, das das Volumen der beim Titrieren verbrauchten Reagenzlösung angibt.

Zu diesem Gerät ist ebenfalls ein Schreibgerät vorgesehen, mit dessen Hilfe die Grundkurve und die erste Ableitung registriert werden können. Dieses mit Transistoren ausge-

[1]) *Anthoni, B.:* Dissertation Univ. Helsinki 1958.
[2]) vgl. auch Faserforsch. u. Textiltechnik **21** (1970) S. 196 bis 201; **22** (1971) S. 550–554.

rüstete Gerät wurde bereits in Kleinserie produziert. Die konstruktive Lösung des Geräts ermöglicht eine Anwendung für die automatische Bestimmung der Viskosereife und die Untersuchung der kolloidchemischen Heterogenität der Viskose. Der Kurvenverlauf wird von der Art der Viskoseherstellung, vom Zellstoff, von der eingesetzten Menge Schwefelkohlenstoff und von der Nachreife beeinflußt, wobei beispielsweise große Unterschiede in der Kurvenform bei CS_2-Einsätzen zwischen 35 und 50% auftreten. Diese Erscheinung ist vom Dispersionszustand der Viskose abhängig und ist auch für die Art und die Reaktionsfähigkeit des Zellstoffs sehr charakteristisch. Der Sprung charakterisiert den Unterschied zwischen schlecht und gut dispergierter Viskose.

T. Wenzel, Wolfen:

Haben Sie Ihr Gerät in der Viskosefaserindustrie in Betrieb, und wie lange ist die Lebensdauer des Geräts?

W. Grams und *Z. Cichowski*, Łódź:

Ja, dieses Gerät wurde in der Industrie angewendet.

H. Schleicher, Teltow:

Wird das Gerät ständig oder nur zeitweise im Betrieb angewendet? Welche zusätzlichen Informationen gewinnen Sie damit in Vergleich zu einer einfachen Reifebestimmung bei der Betriebskontrolle?

W. Grams und *Z. Cichowski*, Łódź:

Im Betriebsmaßstab wurde das Gerät ein Jahr lang im Werk Tomaschov überprüft. Außerdem wurde es in den Versuchsanlagen in Mytišči/UdSSR und Svit/ČSSR getestet. Von allen Stellen haben wir gute Bewertungen bekommen. Im Betrieb wird es nicht laufend eingesetzt. Die Kollegen aus den Betrieben sind der Meinung, daß die bisherigen Standardmethoden einfacher zu handhaben sind.

B. Philipp, Teltow:

Es tauchte ja hier die Frage nach den zusätzlichen Informationen auf. Bei einer normalen Reifebestimmung bekommen wir einen bestimmten Kennwert; hier dagegen bekommt man Kurven unterschiedlicher Form. Kann man aus dieser Kurvenform zusätzliche Informationen ableiten, beispielsweise in Richtung Substituentenverteilung oder ähnlicher Größen, oder gibt es bereits Korrelationen?

W. Grams und *Z. Cichowski*, Łódź:

Wenn die Viskose homogen ist, erhält man mit dem Gerät keine zusätzlichen Informationen gegenüber den konventionellen Methoden. Wenn die Viskose jedoch inhomogen ist, dann kann man aus dem Kurvenverlauf quantitative Rückschlüsse über den Grad der Inhomogenität ziehen. Wenn man z. B. eine alte und eine junge Viskose mischt, dann erhält man zwei verschiedene Kurven.

E. Treiber, Stockholm:

Ich möchte den beiden polnischen Kollegen zu dem Gerät gratulieren. Wir selbst haben vor sieben Jahren in der Holzforschung einen Prototyp beschrieben, der hier zu einer Vollendung geführt wurde. Ich glaube, das, was besonders interessant ist, ist die weitere Möglichkeit, ein solches Gerät auch zur kontinuierlichen Kontrolle der Reife einzusetzen.

W. Grams und *Z. Cichowski*, Łódź:

Wir haben auch noch gewisse Vorstellungen über Erweiterungen der Einsatzmöglichkeiten des Geräts. Wie Vorversuche gezeigt haben, kann dieses Meßverfahren zur Kontrolle des Auflösevorganges der Viskose beim Symplexverfahren eingesetzt werden. Wir sind der Auffassung, daß es nach weiteren Forschungsarbeiten möglich sein sollte, den Auflösungsvorgang halb- oder vollautomatisch zu kontrollieren.

K. Müller, Pirna:

Sie zeigten in einem Bild, daß sich die Herstellungsgeschichte der Viskose auf die Kurvenform auswirkt. Haben Sie dafür eine Erklärung?

W. Grams und *Z. Cichowski*, Łódź:

Die Gestalt der Kurve hängt vom Dispersionszustand des Polymeren ab, wobei letzterer von der Herstellung der Viskose abhängig ist. Aus dem Kurvenverlauf kann man auch entnehmen, aus welchem Rohstoff die Viskose hergestellt wurde, also aus Sulfit- oder Sulfatzellstoff, ob die Reaktionsfähigkeit des Zellstoffs größer oder kleiner war, und daher kann dieses Verfahren auch zur Bestimmung der Reaktionsfähigkeit von Zellstoffen angewandt werden.

K. Müller, Pirna:

Können Sie eine Deutung geben, warum der Unterschied gerade bei einem CS_2-Einsatz zwischen 35 und 40% so gravierend ist?

W. Grams und *Z. Cichowski*, Łódź:

Gerade bei einem CS_2-Einsatz zwischen 35 und 40% handelt es sich um eine Änderung des Dispersionszustandes des Cellulosexanthogenats. Der Sprung in diesem Gebiet stimmt sehr gut mit einer Änderung des Kurvenverlaufs des Kw-Werts in Abhängigkeit von der eingesetzten CS_2-Menge überein.

E. Treiber, Stockholm:

Wenn wir den Schwefelkohlenstoffeinsatz erhöhen und das Alkali konstant lassen, dann kommt es gerade im Gebiet von etwa 35 bis 40% CS_2-Einsatz zu einer verhältnismäßig starken Abnahme des freien Alkalis, und das können Sie auch — wie eben die Kollegen erwähnt haben — in der Kw-Wert-Kurve selbst sehen. Also das heißt nicht, wenn Sie jetzt den Schwefelkohlenstoffeinsatz dauernd erhöhen, daß deswegen der Filterwert laufend ansteigt, denn der Lösungszustand ist ja nicht nur allein determiniert durch den γ-Wert, sondern auch durch das gesamte Lösungsmittelsystem. Dieses System Lösungsmittel besteht aus Wasser, aus dem freien Alkali und aus den Salzen, wie z. B. Natriumtrithiocarbonat, die einen Aussalzungseffekt hervorrufen.

H. Dautzenberg, Teltow, und *B. Philipp*, Teltow:

Wie Sie zeigten, beeinflußt der zur Viskoseherstellung eingesetzte Zellstoff den Kurvenverlauf. Läßt sich unter der Voraussetzung gleicher Substituentenverteilung noch ein unmittelbarer Zellstoffeinfluß konstatieren, oder wirkt der Zellstoffeinfluß ausschließlich über eine unterschiedliche Substituentenverteilung?

W. Grams und *Z. Cichowski*, Łódź:

Die Unterschiede in den Kurven werden durch Unterschiede in der Reaktionsfähigkeit der Zellstoffe hervorgerufen, wobei durch unterschiedliche Reaktionsfähigkeit auch die Substituentenverteilung beeinflußt wird.

H. Schleicher, Teltow:

Ein wichtiges Anliegen der Viskoseindustrie besteht ebenso wie bei anderen Industriezweigen darin, den manuellen Aufwand für die Betriebskontrolle möglichst niedrig zu halten. Es wäre daher sicher interessant zu diskutieren, welche Erfahrungen es bei der automatischen Gestaltung der Analysenverfahren auf dem Viskosegebiet oder bei der Produktion anderer Cellulosederivate gibt.

E. Treiber, Stockholm:

Wenn wir moderne Viskosebetriebe auf diese Fragestellung hin untersuchen, so werden wir sehen, daß die Automatisierung schon einen sehr hohen Grad erreicht hat. Das soll aber nicht heißen, daß wir auf sämtlichen Gebieten schon optimale Geräte besitzen. Ganz im Gegenteil glaube ich, daß gerade der Schwerpunkt der Forschung darauf ausgerichtet werden muß, Gebersysteme zu finden und Apparaturen zu entwickeln, die wirklich eine on-line-Analyse in der Viskoseindustrie ermöglichen. Praktisch vollautomatisiert ist die Spinnbadanalyse, und auch in der Analyse der Viskose wurde schon ein hoher Automatisierungsgrad erreicht. Die batch-weise-Untersuchung, wie sie z. B. im „*Götze*" in der klassischen Weise beschrieben ist, ist heute schon ziemlich weitgehend überholt.

H. Schleicher, Teltow:

Während kontinuierliche Viskositätsmessungen ja noch relativ einfach zu lösen sind, sehe ich echte Schwierigkeiten bei der automatischen Erfassung anderer Parameter, wie z. B. bei der Cellulosebestimmung in der Alkalicellulose und Viskose.

E. Treiber, Stockholm:

Ja, hier sind noch Schwierigkeiten vorhanden, während es z. B. auf der anderen Seite schon Geräte gibt, die kontinuierlich über die Filtrierbarkeit und den Teilchengehalt Aussagen liefern.

K. Müller, Pirna:

Herr Dr. *Treiber*, Sie erwähnten in Ihrem heutigen Vortrag, daß sich als Charakterisierungsmöglichkeit für Viskose und besonders für Rückstände die Rasterelektronenmikroskopie anbietet.

E. Treiber, Stockholm:

Hier handelt es sich nicht um eine Routineanalyse, sondern um Aufgaben der Industrieforschung. Mit der Rasterelektronenmikroskopie haben wir zwei Möglichkeiten in der Hand. Zunächst einmal kann man zu rein qualitativen Aussagen gelangen über die Natur der organischen Rückstände, also der nicht reagierten Teile der Zellwand. Außerdem haben wir in Verbindung mit einem Röntgenzusatz die Möglichkeit, vor allem bei anorganischen Verunreinigungen zu erkennen, welche Zusammensetzung diese Teilchen haben, also ob es sich um Metallsulfid handelt oder um aus dem Wasser oder Zellstoff stammende Mineralteilchen. Wir können dadurch ziemlich weit in ein Gebiet vordringen, das bisher weitgehend verschlossen gewesen ist. Natürlich besteht auf der anderen Seite der Nachteil, daß es sich um sehr teure Geräte handelt, die auch ein entsprechend ausgebildetes Personal benötigen.

K. Müller, Pirna:

Erfolgt die Gewinnung der Rückstände durch Zentrifugieren der Viskose?

E. Treiber, Stockholm:

Nein, wir gehen einen anderen Weg. Es gibt ein in Amerika käufliches Polycarbonatmembranfilter mit kontrollierter Porengröße, das gegenüber allen anderen Membran- und sogenannten Porenfiltern den Vorteil hat, daß zwischen den Löchern die Oberfläche des Filters im Elektronenmikroskop praktisch strukturlos ist.

Bei allen anderen Filtern gleicht die Oberfläche einer Mondlandschaft, und man kann dann nicht mit Sicherheit entscheiden, ob beobachtete Teilchen zum Filter oder zum Filterrückstand gehören. Wenn man dagegen eine vollkommen strukturlose Oberfläche hat, die nur von Löchern durchbrochen ist, dann weiß man, daß alles, was auf dieser Oberfläche liegt, Teilchen sind, die aus dem System durch Filtration isoliert wurden. Eine weitere Bedingung besteht natürlich darin, daß die Viskose — also die gelösten Anteile — vom Filter quantitativ entfernt werden. Außerdem muß verhindert werden, daß die gequollenen cellulosischen Teilchen ihren Quellungszustand ändern, was durch Gefriertrocknung oder noch besser durch critical-point-Trocknung erreicht werden kann. Die übrige Präparation ist dann sehr einfach und besteht in der Metallauflage.

I. Wenzel, Wolfen:

Herr Dr. *Treiber*, Sie sprachen in Ihrem Vortrag heute über die Bestimmung der Kettenlängenverteilung und sagten, daß Cellulose direkt in Cadoxen gelöst und dann auf ein Gel gegeben wird. Können Sie etwas über die Natur des Gels sagen?

E. Treiber, Stockholm:

Diese Arbeit ist in „Das Papier" veröffentlicht. Wir verwenden ein Agarose-Gel, das gegen Cadoxen stabil ist. Die einzige zusätzliche Bedingung besteht darin, daß die Filtration bei verhältnismäßig tiefen Temperaturen ausgeführt wird. Man muß also die Apparatur in einer Kältekammer bei ungefähr +2°C oder +4°C laufen lassen. Dann können etwa 20 bis 30 Fraktionierungen auf der Füllsäule durchgeführt werden.

Nach ca. 2 h wurde das Rundtischgespräch durch einige abschließende Worte von Prof. *B. Philipp* beendet; anschließend wurden die aufgeworfenen Probleme teilweise in kleineren Gruppen noch weiter diskutiert. Insgesamt hat sich der durchgeführte Meinungsaustausch als nützlich erwiesen.

Harry Schleicher

Neue Bücher

Die Ansprechempfindlichkeit einiger elektronischer Garnreiniger. Von *Oskar Becker*. Forschungsberichte des Landes Nordrhein-Westfalen. Nr. 2349. Opladen: Westdeutscher Verlag 1973. ISBN 3-531-02349-7. 48 S. Kart. DM 12,75.

In der für das Institut für textile Meßtechnik Mönchen-Gladbach typischen, praxisorientierten Weise hat der Verfasser des Forschungsberichts die Ansprechempfindlichkeit handelsüblicher elektronischer Garnreiniger untersucht. Dabei wurden den Reinigern Fäden mit absichtlich angebrachten definierten Dickstellen vorgelegt, um zu klären, wie der Reiniger die Dickstellen insbesondere in bezug auf deren Querschnitt und deren Länge wahrnimmt und wie auf die Dickstelle reagiert. Insgesamt wurden fünf Reiniger bei drei Fadengeschwindigkeiten (400, 700 und 1000 m/min) vermessen. Der Ansprechimpuls gelangte nicht zur Schneideinrichtung, sondern zu einem Oszillographen. Durch einen Triggerimpuls konnte eine Kamera ausgelöst und so über 11000 Schirmbildfotos hergestellt werden. In der Auswertung wurden das Dickstellensignal analysiert und die Impulshöhe, die Impulslänge und die Ansprechkennlinie sowie die Störung dieser Größen durch Fremdeinflüsse ermittelt. Aus den Ergebnissen ist zu schließen, daß der *Zellweger*-Reiniger offenbar die günstigsten Ergebnisse liefert.

F. Winkler

Methodensammlung der Elektronenmikroskopie. Von *Gerhard Schimmel* und *Wolrad Vogell*. 6. Lieferung. Stuttgart: Wissenschaftliche Verlagsges. 1973. 166 S. Loseblatt. DM 78,—.

Mit der 6. Lieferung wird die von *G. Schimmel* und *W. Vogell* herausgegebene Methodensammlung der Elektronenmikroskopie weiter komplettiert. Diese Lieferung umfaßt 6 Arbeiten, die z. B. einen Einblick in die Problematik der Bildverstärker, der Gefrierultramikrotomie und der Ionenstrahlätzung geben.

Der Einsatz und die Verwendungsmöglichkeiten von Bildverstärkern werden von *K.-H. Herrmann* und *D. Krahl* an speziellen Beispielen aufgezeigt. Für Untersuchungen an kristallinen Polymeren führt die Nutzung dieser Methode zu einer starken Verminderung von Strahlenschäden in polymerem Material und damit zu einer Verlängerung der Abbildungszeiten kristalliner Ordnungen in den Proben.

Hinweise zur Methode der Gefrierätzung bei der Untersuchung von Bakterien sowie Beurteilungskriterien der im Elektronenmikroskop zu untersuchenden Abdrücke sind der Arbeit von *K. G. Lickfeld* zu entnehmen.

Neben Gerätebeschreibungen wird in dem Artikel über die Gefrierultramikrotomie (*G. Werner, K. Neumann* und *G. Lechner*) besonders auf Präparationsmethoden biologischer Präparate eingegangen.

H. Bach stellt die Methode der Ionenstrahlätzung und deren Anwendbarkeit für die Präparation elektronenmikroskopischer Proben vor. Die bei der Präparation von durchstrahlbaren Präparaten möglichen Artefakte wurden am Beispiel von Gläsern und Keramikproben diskutiert. Im allgemeinen ist diese Methode nicht für die Präparation von polymeren Werkstoffen verwendbar.

Die Technik der Negativkontrastierung, die dazu verwendeten Reagenzien und Methoden sowie allgemeine Grundsätze für den Einsatz dieser Präparationsmethode werden von *M. V. Nermut* diskutiert. *H. A. Fischer* und *E. Werner* stellen dem Leser ein erprobtes Verfahren der Herstellung von Autoradiogrammen von EM-Präparaten vor.

Allen Artikeln ist ein ausführliches Literaturverzeichnis nachgestellt, in dem die neuesten Arbeiten (bis 1973) berücksichtigt wurden.

Insgesamt umfaßt die jetzt vorliegende Sammlung 41 Arbeiten zu allen Einsatzgebieten der Elektronenmikroskopie und ist somit jedem Elektronenmikroskopiker bei seiner täglichen Arbeit eine wertvolle Hilfe. *E. Schulz*

Theorie of Electric Polarization. Vol. I. Dielectrics in Static Fields. Von *C. F. J. Böttcher* (2. Auflage), vollständig überarbeitet von *O. C. van Belle, P. Bordewijk* und *A. Rip.* Amsterdam/London/New York: Elsevier Scientific Publ. Comp. 1973. XX, 377 S., Kunstleder. $ 38.50.

Die erste Auflage des Werkes erschien 1952 als umfassende Behandlung der klassischen Theorie der Dielektrika. Die wissenschaftliche Entwicklung der letzten 20 Jahre auf dem Gebiet der elektrischen Polarisation der Dielektrika machte eine Überarbeitung des Buches erforderlich. *O. C. van Belle, P. Bordewijk* und *A. Rip*, drei enge Mitarbeiter von *C. F. J. Böttcher*, erklärten sich auf Wunsch des Autors bereit, die zweite Auflage komplett zu überarbeiten und auf den neuesten Stand zu bringen. Wegen der großen Menge neuen wissenschaftlichen Materials entschieden sich die Mitautoren, in der zweiten Auflage das Werk in zwei Bände zu teilen. Band I enthält die Theorie des statischen Verhaltens der Dielektrika, während im Band II die Theorie des dynamischen Verhaltens der Dielektrika berücksichtigt wird.

Der vom Rezensenten zu besprechende Band I ist in sieben Kapitel gegliedert, denen als Anhang noch drei Abschnitte über mathematische Hilfsmittel folgen. In den ersten drei Kapiteln werden grundlegende Probleme der Elektrostatik relativ ausführlich behandelt, zu deren Verständnis gute Kenntnisse aus der Vektor- und Tensoranalysis notwendig sind. Dabei werden Grundbegriffe der Elektrostatik, wie elektrischer Dipol, elektrisches Feld, elektrische Polarisation und dielektrische Verschiebung, theoretisch erläutert und die wichtigsten Zusammenhänge zwischen ihnen dargestellt. Die Darstellung hat ein hohes Niveau und ist ohne gute mathematische Vorkenntnisse nicht voll auszuschöpfen. Kapitel vier umfaßt die theoretische Behandlung des Rückwirkungsfeldes (reaction field). In diesem Zusammenhang werden die Rückwirkungsfelder eines polarisierbaren und nichtpolarisierbaren Punktdipols unter Zugrundelegung eines sphärischen Hohlraumes berechnet. Des weiteren werden Rückwirkungsfelder ellipsoider Hohlräume behandelt und Grundgleichungen für die Energie einer Ladungsverteilung in ihrem Rückwirkungsfeld hergeleitet.

Das fünfte Kapitel ist der Berechnung innerer Felder, einem der wichtigsten Probleme der Elektrostatik, gewidmet. Dabei werden Berechnungen über die inneren Felder polarer und nichtpolarer Dielektrika aufgeführt und Herleitungen zur *Onsager*-Gleichung sowie zur *Clausius/Mossoti*-Gleichung dargelegt. Der Inhalt der Kapitel vier und fünf zeichnet sich durch die Darstellung ausführlicher Rechnungen aus, die dem Leser in einer verständlichen Art und Weise dargebracht werden. Im sechsten Kapitel werden die Grundlagen der statistisch-mechanischen Theorie der Dielektrizitätskonstanten diskutiert. Einige Abschnitte dieses Kapitels beschäftigen sich mit der *Kirkwood/Fröhlich*-Gleichung und mit der Berechnung der Korrelationsfaktoren g in Polymerlösungen auf der Grundlage der Theorie von *Birshtein* und *Ptitsyn*. Kapitel sieben beschreibt nichtlineare Effekte, die bei Feldstärken größer als 10^4 V/cm auftreten. Das Kapitel enthält Abschnitte über normale und anormale Sättigung der Polarisation und beschäftigt sich mit Fragen der Hyperpolarisierbarkeit und Elektrostriktion.

Mit der zweiten Auflage ist es gelungen, den Inhalt des Werkes auf den neuesten wissenschaftlichen Stand zu bringen. Bei einer Beurteilung müssen die übersichtliche und didaktische Darstellung sowie das hohe mathematisch-physikalische Niveau hervorgehoben werden. Das Buch kann sowohl experimentell arbeitenden Wissenschaftlern als auch Theoretikern wärmstens empfohlen werden. *R. Danz*

Tagungsankündigung

Vom 30. 6. bis 4. 7. 1975 findet in Brno (ČSSR) der

XX. Kongreß der Internationalen Föderation von Wirkerei- und Strickereifachleuten

statt.

Nähere Auskünfte erteilt das Sekretariat des Kongresses Wirkereiforschungsinstitut, Šujanovo nám. 3, Brno, ČSSR.

Berichtigung

In der Arbeit

Acetylierung der Cellulose. I
von Abdel Koura und Atef Ibrihim
Faserforsch. u. Textiltechnik/Z. Polymerforsch. **25** (1974) 2, S. 57–60

ist der Name des zweiten Verfassers versehentlich verdruckt.

Patentschau

Auszug aus der Lieferung 7/1974 der Patentschau „Faserstoffe und Textiltechnik", Ausgabe A: Chemiefaserstoffe einschl. Polymere und org. Ausgangsstoffe, zusammengestellt von der Abteilung Information und Dokumentation des Instituts für Polymerenchemie der AdW der DDR, 153 Teltow-Seehof, Kantstr. 55

Die Patentschau ist nach der Internationalen Patentklassifikation (IPC) gegliedert. Es bedeuten: DLP = DDR-Patent; DTP = Deutsches Bundespatent; DTA = (West)Deutsche Auslegeschrift; DTO = (West)Deutsche Offenlegungsschrift; OEP = Oesterreichisches Patent; POP = Polnisches Patent; CHP = Schweizer Patent; FRP = Französisches Patent; GBP = Britisches Patent; JAP = Japanisches Patent; SWP = Schwedisches Patent; SUP = Sowjetisches Patent; CSP = Tschechoslowakisches Patent; USP = Amerikanisches Patent; A. = Anmeldedatum, O. bzw. B. = Tag der Ausgabe der Patent-, Offenlegungs- bzw. Auslegeschrift.

Sektion B. Arbeitsverfahren

B 29. Verarbeiten von Kunststoffen; Verarbeiten von Stoffen in plastischem Zustand im allgemeinen; Verarbeiten von Stoffen, soweit nicht anderweitig vorgesehen

B 29d. Verfahren oder Geräte zur Herstellung besonderer Gegenstände aus Kunststoffen oder aus Stoffen in plastischem Zustand

SUP 418336 (Urheberschein). Verfahren zur Herstellung von Filtermaterialien. Erf.: *A. P. Gulina* u. 7 weitere. A. 21. 12. 70, B. 5. 3. 74. Int. Kl.: B 29d 27/00. A.-Z.: 1527720/23–5.

USP 3796778. Verfahren zur Herstellung von faserförmigen Polyolefinmaterialien. Erf.: *Lawrence Vincent Gallacher*. Inh.: American Cyanamid Co., Stamford, Conn. A. 16. 2. 71, B. 12. 3. 74. Kl.: 264-49. Int. Kl.: B 29d 27/00. 5 Anspr. A.-Z.: 115733 (ausgesch. aus Pat. m. A.-Z.: 820761. A. 1. 5. 69). A.-Z.: 820761 entspr. DTO 2021305 u. FRP 2047225.

B 64. Fördern, Packen, Lagern; Handhaben dünner oder fadenförmiger Werkstoffe

B 65h. Behandeln von dünnem oder fadenförmigem Gut, z. B. Folien, Gewebe, Kabel

SUP 419459 (Urheberschein). Vorrichtung zum Aufwickeln von fadenförmigem Material. Erf.: *M. I. Davidovič*. A. 20. 12. 71, B. 15. 3. 74. Int. Kl.: B 65h 54/02. A.-Z.: 1726543/28–12.

SUP 418422 (Urheberschein). Vorrichtung zur automatischen Ausschaltung von Spulmaschinen beim Aufhören der Fadenzulieferung. Erf.: *E. I. Gorjunov* u. *V. V. Chval'kovskij*. Anm.: Central'noe konstruktorskoe bjuro „Proekt-mašdetal'". A. 17. 3. 72, B. 5. 3. 74. Int. Kl.: B 65h 63/02. A.-Z.: 1759779/28–12.

Sektion C. Chemie und Metallurgie

CHEMIE

C 01. Anorganische Chemie

C 01b. Nicht-metallische Elemente, Metalloide und ihre Verbindungen, außer den unter C 01c aufgeführten

JAP 7361730. Hochfeste Kohlenstoffäden aus Acrylfäden. Erf.: *Koji Terada, Shigeo Mitsui* u. *Kenya Nagai*. Inh.: Toray Industries, Inc. A. 2. 12. 71, B. 29. 8. 73. Kl.: 42 EO, 14 EO. A.-Z.: 7196759.

JAP 7364225. Kohlenstoffäden. Erf.: *Toshio Sakurai, Yaizo Ohta* u. *Tooru Takemura*. Inh.: Mitsubishi Rayon Co. Ltd. A. 15. 12. 71, B. 6. 9. 73. Kl.: 42 EO, 14 EO, 42 D 24. A.-Z.: 71101650.

C 03. Glas; Mineral- und Schlackenwolle

C 03b. Herstellung, Formgebung und Nachbehandlungsverfahren

CSP 153792 (Urheberschein). Verfahren zum Auswechseln von Maschinen für das Zerfasern von wärmeformbarem Material, besonders von Glasmasse, und Vorrichtung zur Durchführung dieses Verfahrens. Erf.: *Vlastimil Šorm*. Inh.: Státní výzkumný ústav s klářské techniky, Praha. A. 19. 5. 70, B. 20. 8. 73. Kl.: 32a, 37/00. Int. Kl.: C 03b 37/00. A.-Z.: 3451/70.

C 03c. Chemische Zusammensetzung von Gläsern; Glasuren oder Emails; Oberflächenbehandlung von Glas; Verbinden von Glas mit Glas oder anderen Stoffen

SUP 418457 (Urheberschein). Präparationsmittel für Glasfäden. Erf.: *N. Ja. Vojcechovič, K. D. Titova* u. *V. V. Borodaškina*. A. 18. 4. 72, B. 5. 3. 74. Int. Kl.: C 03c 25/02, D 06m 15/66. A.-Z.: 1773501/23–5.

SUP 418458 (Urheberschein). Verfahren zur Behandlung von Glasfaserstoffen. Erf.: *O. E. Pererud, N. Ja. Vojcechovič, E. A. Cvetkov* u. *E. F. Bugerenko*. A. 6. 6. 72, B. 5. 3. 74. Int. Kl.: C 03c 25/02, D 06m 13/44. A.-Z.: 1792306/23–5.

C 07. Organische Chemie

C 07c. Acyclische und carbocyclische Verbindungen

USP 3792086. Verfahren zur Herstellung von Acryl- und Methacrylsäuren. Erf.: *Charles E. Frank* u. *Jawad H. Murib*. Inh.: National Distillers and Chemicals Corp., New York, N. Y. A. 10. 11. 71, B. 12. 2. 74. Kl.: 260-533 N. Int. Kl.: C 07c 51/32, 57/04. 8 Anspr. A.-Z.: 197495 (Zus. z. Pat. m. A.-Z.: 99283. A. 17. 12. 70). Entspr. DTO 2162866.

GBP 1350874. Kontinuierliche Herstellung von Terephthalsäure. Inh.: Maruzen Oil Co. Ltd. u. Matsuyama Petrochemicals Inc. A. 30. 3. 72, B. 24. 4. 74. Kl.: C2.C, Int. Kl.: C 07c 51/20, 51/42, 63/26 A.-Z.: 15236/72. Prior.: 3. 4. 71 (JA; A.-Z.: 20425). Entspr. DTO 2216208 u. FRP 2132363.

SUP 419509 (Urheberschein). Verfahren zur Herstellung von Terephthalsäure. Erf.: *E. L. Golovlev* u. 6 weitere. Anm.: Institut biochimii i fiziologi mikroorganizmov AN SSSR. A. 26. 5. 71, B. 15. 3. 74. Int. Kl.: C 07c 63/26, C 12d 1/02. A.-Z.: 1663271/23–4.

POP 70489 (Zeitweil. Pat.). Verfahren zur Rückgewinnung von Acrylnitril aus wäßriger Lösung. Inh.: Stamicarbon N. V., Heerlen (NL). A. 10. 6. 70, B. 28. 2. 74. Kl.: 12o, 21. Int. Kl.: C 07c 121/32. A.-Z.: 141225. Prior.: 11. 6. 69 (NL).

C 08. Makromolekulare Verbindungen; ihre Herstellung und chemische Verarbeitung; auf diesen Verbindungen beruhende Gemische

C 08b. Polysaccaride und deren Derivate

JAP 7239951. Cellulosederivat mit hohem Chlorgehalt. Erf.: *Tsunekazu Nakao, Shigeyuki Yamazaki* u. *Takashi Amano*. Inh.: Tomoegawa Paper Manufg. Co. Ltd. A. 12. 6. 69, B. 9. 10. 72. Int. Kl.: C 08b. A.-Z.: 6946326.

CSP 153745 (Urheberschein). Verfahren zur Herstellung von Alkalicellulose mit gewünschtem Polymerisationsgrad. Erf.: *Vladimír Mašura*. Inh.: Chemický ústav SAV, Bratislava. A. 19. 8. 66, B. 20. 8. 73. Kl.: 29b, 2/10. Int. Kl.: C 08b 1/08. A.-Z.: 5448/66.

SUP 418479 (Urheberschein). Verfahren zur Ausfällung von Celluloseacetat. Erf.: *A. A. Baram, V. I. Sidorov, R. B. Cokolaev* u. *V. B. Kogan*. Anm.: Leningradskij technologičeskij institut celljulozno-bumažnoj promyšlennosti; u. Vladimirskij chimičeskij zavod. A. 22. 3. 71, B. 5. 3. 74. Int. Kl.: C 08b 3/28. A.-Z.: 1633364/23–5.

USP 3793272. Synthetische Harzkompositionen von Vinyl- oder Acrylharzen mit Hydroxybutylhydroxyäthylcellulose. Erf.: *Shunichi Koyanagi, Kinya Ogawa* u. *Koyhiro Onda*. Inh.: Shinetsu Chemical Co., Chiyoda-ku, Tokio (JA). A. 30. 8. 71, B. 19. 2. 74. Kl.: 260-17 R, Int. Kl.: C 08b 21/32, C 08f 45/00. 8 Anspr. A.-Z.: 176329. Prior.: 1. 9. 70 (JA; A.-Z.: 45/76819).

JAP 7251583. Gepfropfter Polyester/Polystyrol-Faden. Erf.: *Fumiki Takabayashi* u. *Yoshihiro Maeda*. Inh.: Teijin Ltd. A. 24. 2. 69, B. 25. 12. 72.; Int. Kl.: B 29d, D 06m, C 08b. A.-Z.: 6914061.

JAP 7317553. Photochemische Pfropfcopolymerisation eines Vinylmonomeren auf einen geformten Polyurethangegenstand. Erf.: *Takuo Kawaguchi* u. *Kazuo Itoi*. Inh.: Kuraray Co. Ltd. A. 19. 8. 69, B. 30. 5. 73. Int. Kl.: B 44d, D 06m, n, C 08f, g. A.-Z.: 966347.

USP 3794626. Strahlungsempfindliche Polymere. Erf.: *Henri Ulrich, Fred A. Stuber* u. *Allen J. Broggi*. Inh.: The Upjohn Co., Kalamazoo, Mich. A. 15. 12. 72, B. 26. 2. 74. Kl.: 260-78,5 T, Int. Kl.: C 08f 27/08, C 08g 33/00. 6 Anspr. A.-Z.: 315302.

JAP 7246764. Mit Cellulose gemischte Syntheseharzkompositionen. Erf.: *Ichiro Sato* u. *Masanori Nagata*. Inh.: Fujimori Industry Co. Ltd. A. 25. 10. 69, B. 25. 11. 72. Int. Kl.: C 08f, k, D 01f. A.-Z.: 6985357.

JAP 7354154. Polypropylenkompositionen zur Extrusion mit hoher Geschwindigkeit. Erf.: *Yoshito Kendo* u. *Shigehiro Koga*. Inh.: Chisso Corp. A. 10. 11. 71, B. 30. 7. 73. Kl.: 25(1) C 111. 12, 25(1) C 111. 82. A.-Z.: 7189520.

USP 3793274. Verfahren zum Verarbeiten von Polyvinylchloridharz. Erf.: *Osamu Hiyama, Yasuhiro Torimae, Kazuo Ito* u. *Yoshio Kawahara*. Inh.: Kao Soap Co. Ltd., Chuo-ku, Tokio (JA). A. 19. 8. 71, B. 19. 2. 74. Kl.: 260-23 XA, Int. Kl.: C 08f 29/14, 21/04. 3 Anspr. A.-Z.: 173285. Prior.: 25. 8. 70 (JA; A.-Z.: 45/74431). Entspr. DTO 2142241.

USP 3796776. Mit einem vernetzten Vinylchloridpolymeren gemischtes Vinylchloridpolymeres. Erf.: *Fumio Ide, Tsuneo Kodama* u. *Isao Sasaki*. Inh.: Mitsubishi Rayon Co. Ltd., Tokio (JA). A. 15. 7. 71, B. 12. 3. 74. Kl.: 260-899, Int. Kl.: C 08f 29/24. 3 Anspr. A.-Z.: 163065. Prior.: 20. 7. 70 (JA; A.-Z.: 45/62775). Entspr. DTO 2136085 u. GBP 1295384.

DTO 2346651. Terpolymere aus Styrol, einem Nitril und einer Säure. Erf.: *Eugene Gary Sommerfeld*. Anm.: E. I. du Pont de Nemours and Co., Wilmington, Del. (US). A. 17. 9. 73, B. 11. 4. 74. Kl.: 39b4, 41/08. Int. Kl.: C 08f 41/08. A.-Z.: P 2346651. Prior.: 18. 9. 72 (US; A.-Z.: 289593).

USP 3796684 (ausgesch. aus Pat. 3632690. A. 31. 8. 67. A.-Z.: 664604). Mit substituierten 4,5-Benzo-1,3,2-dioxaphospholanen stabilisierte Polymerkompositionen. Erf.: *James L. Dever* u. *James J. Hodan*. Inh.: Borg-Warner Corp., Chicago, Ill. A. 24. 5. 71, B. 12. 3. 74. Kl.: 260-45,8 R. Int. Kl.: C 08f 45/58. 1 Anspr. A.-Z.: 146502.

USP 3796685. Mit $\alpha,\alpha,\alpha',\alpha'$-Tetrakis-(4-hydroxy-3,5-bisubstituiertem phenyl-)-xylol stabilisiertes organisches Material und Verfahren dafür. Erf.: *Gordon D. Brindell* u. *Joseph P. Wuskell*. Inh.: The Quaker Oats Co., Chicago, Ill. A. 12. 5. 72, B. 12. 3. 74. Kl.: 260-45,85 S. Int. Kl.: C 08f 45/58. 24 Anspr. A.-Z.: 252860.

C 08f. Polymerisationsprodukte

GBP 1351255. Stabile Polymerlatices mit hohem Carboxylgruppengehalt. Inh.: Goodyear Tire & Rubber Co. A. 19. 4. 71, B. 24. 4. 74. Kl.: C3.P, Int. Kl.: C 08f 1/13. A.-Z.: 21220/71.

JAP 7239952. Rückgewinnung von Vinylchloridmonomerem. Erf.: *Kizaburo Sugimori, Kenzo Tanaka* u. *Sango Sakanashi*. Inh.: Nippon Carbide Industries Co. Inc. A. 4. 6. 69, B. 9. 10. 72. Int. Kl.: C 08f. C 07c. A.-Z.: 6943269.

JAP 7244549. Katalysator für Polypropylen mit hoher relativer Molekülmasse und niedrigem Kristallinitätsgrad. Erf.: *Wase Tanaka, Katsura Yokoyama, Tadahiko Maeno* u. *Kohzo Shibuya*. Inh.: Mitsubishi Petrochemical Co. Ltd. A. 27. 9. 62, B. 10. 11. 72. Int. Kl.: C 08f, B 01j. A.-Z.: 6241352.

CSP 153821 (Urheberschein). Verfahren zur Herstellung von Polymeren durch Verbinden von Polymermolekülen. Erf.: *František Hrabák, Vlasta Hynková* u. *Jan Lokaj*. Inh.: Ústav makromolekularni chemie ČSAV, Praha. A. 30. 10. 69, B. 20. 8. 73. Kl.: 39c, 30, Int. Kl.: C 08f 1/00. A.-Z.: 1393/71.

USP 3793295. Katalysator zum Polymerisieren von Olefinen. Erf.: *Luciano Luciani, Gianni Nava* u. *Giorgio Foschini*. Inh.: Montecatini Edison S.p.A., Mailand (IT). A. 21. 12. 70, B. 19. 2. 74. Kl.: 260-93,7, Int. Kl.: B 01j 11/84, C 08f 1/56, 3/00. 13 Anspr. A.-Z.: 100353. Prior.: 22. 12. 69 (IT; A.-Z.: 26163/69). Entspr. OEP 302651, FRP 2074020 u. GBP 1331080.

SUP 419041. Verfahren zur Herstellung von Polyolefinen. Erf.: *Rodolfo Gabelieri* (IT) u. *Michael Ostereche* (BE). Anm.: Solvay & Co. (BE). A. 13. 12. 69, B. 5. 3. 74. Int. Kl.: C 08f 3/06, 15/04. A.-Z.: 1386001/23-5. Prior.: 13. 12. 68 (FR; A.-Z.: 178330). Entspr. OEP 307719, CHP 513217, GBP 1274478 u. USP 3740383.

GBP 1351304. Acrylnitrilcopolymere. Inh.: Toray Industries Inc. A. 13. 8. 71, B. 24. 4. 74. Kl.: C3.P, Int. Kl.: C 08f 15/40, 1/13. A.-Z.: 38071/71. Prior.: 13. 8. 70, 30. 9. 70, 8. 10. 70 (JA; A.-Z.: 70436, 85001, 87835). A.-Z.: 70436 entspr. USP 3781248. Entspr. DTO 2140463.

JAP 7316479. Schlichtemittel mit niedrigem Schmelzpunkt. Erf.: *Yutaka Shimodoi, Akira Egami* u. *Hireo Hayaide*. Inh.: Asahi Chemical Industry Co. Ltd. A. 17. 7. 68, B. 22. 5. 73. Int. Kl.: C 09j, D 06m, C 08f. A.-Z.: 6849871.

USP 3791999. Verfahren zur Herstellung eines vernetzten porösen Copolymeren. Erf.: *Yutaka Fuchiwaki* u. *Takashi Nishikaji*. Inh.: Mitsubishi Chemical Industries Ltd., Tokio (JA). A. 16. 12. 71, B. 12. 2. 74. Kl.: 260-2,5 M, Int. Kl.: C 08f 15/02, 47/08. 10 Anspr. A.-Z.: 208689. Prior.: 19. 12. 70 (JA; A.-Z.: 45/114712). Entspr. DTO 2162508.

USP 3794627. Verfahren zur Herstellung von Äthylen-Buten-1-Copolymeren und Äthylen-Homopolymeren. Erf.: *John J. Giachetto*. Inh.: National Petro-Chemicals Corp., New York, N. Y. A. 27. 7. 71, B. 26. 2. 74. Kl.: 260-88,2 R, Int. Kl.: C 08f 15/40. 12 Anspr. A.-Z.: 166382. Entspr. DTO 2237007 u. FRP 2147263.

USP 3796687. Funktionell substituierte Ter- und Tetrapolymere von α-Olefinen und Verfahren zur Herstellung von funktionell substituierten Copolymeren. Erf.: *John Wilfred Collette, Rolland Shih-Yuan Ro* u. *Fred Max Sonnenberg*. Inh.: E. I. du Pont de Nemours & Co., Wilmington, Del. A. 14. 6. 71, B. 12. 3. 74. Kl.: 260-47 UA, Int. Kl.: C 08f 15/40. 2 Anspr. A.-Z.: 152988 (ausgesch. aus Pat. m. A.-Z.: 829758, USP 3748316. A. 2. 6. 69). A.-Z.: 829758 entspr. DTO 2026189.

C 08g. Polykondensations- und Polyadditionsprodukte

JAP 7246796. Polymerisation von Trioxan in Lösung unter hohem Druck. Erf.: *Jiro Ohsugi* u. *Kiyoshi Kilamura*. Inh.: Asahi Chemical Industry Co. Ltd. A. 8. 12. 69, B. 25. 11. 72. Int. Kl.: C 08g. A.-Z.: 6997837.

JAP 7250237. Polymerisation von Trioxan. Erf.: *Katsu Yoshida, Akihiko Itoh, Yoshiaki Nakase* u. *Isao Kaetsu*. Inh.: Japan Atomic Energy Research Institute. A. 16. 1. 70, B. 16. 12. 72. Int. Kl.: C 08g. A.-Z.: 704290.

JAP 7343494. Polyoxymethylen mit hoher relativer Molekülmasse. Erf.: *Shozoburo Nomura, Kiyoshi Honda, Mitsumasa Miyazaki* u. *Hiroyuki Ishiga*. Inh.: Dainippon Ink and Chemical, Inc. A. 2. 10. 71, B. 23. 6. 73. Kl.: 26(5) B 1. A.-Z.: 7176825.

DTO 2348896. Filmbildende Massen. Erf.: *John Gillan* u. *Livia Polgar*. Anm.: Dulux Australia Ltd., Melbourne, Victoria (AU). A. 28. 9. 73, B. 4. 4. 74. Kl.: 39b5, 17/16. Int. Kl.: C 08g 17/16. A.-Z.: P 2348896. Prior.: 28. 9. 72 (AU; A.-Z.: 0636/72).

JAP 7240714. Polyester. Erf.: *Tomiaki Kimura, Masamichi Watanabe, Satoru Kobayashi, Katsuhisa Kamiyama* u. *Tetsuya Sugita*. Inh.: Mitsubishi Chemical Industries Co. Ltd. A. 22. 11. 68, B. 14. 10. 72. Int. Kl.: C 08g, B 01j. A.-Z.: 6885908.

JAP 7240715. Polyester. Erf.: *Tomiaki Kimura, Masamichi Watanabe, Satoru Kobayashi* u. *Tetsuya Sugita*. Inh.: Mitsubishi Chemical Industries Co. Ltd. A. 11. 12. 68, B. 14. 10. 72. Int. Kl.: C 08g, B 01j. A.-Z.: 6890828.

JAP 7242387. Polyäthylenterephthalat, das infolge des Fehlens eines Katalysators bei der Herstellung ein weißes Produkt ergibt. Erf.: *Hidehiko Kobayashi, Sasaguri Kiichiro, Hisashi Kawamoto, Hiroo Kawashima* u. *Noboru Tamimura*. Inh.: Asahi Chemical Industry Co. Ltd. A. 6. 4. 67, B. 26. 10. 72. Int. Kl.: C 08g, C 07c. A.-Z.: 6721483. Entspr. DTO 1660667 u. GBP 1205281.

JAP 7242389. Polyäthylenterephthalat durch Polykondensation ohne Verwendung eines Katalysators. Erf.: *Hidehiko Kobayashi, Kiichiro Sasaguri* u. *Hiroo Kawashima, Noboru Tamimura* u. *Hisashi Kawamoto*. Inh.: Asahi Chemical Industry Co. Ltd. A. 8. 4. 67, B. 26. 10. 72. Int. Kl.: C 08g, C 07c. A.-Z.: 6722165.

JAP 7248517. Polyester. Erf.: *Hirokazu Segawa* u. *Kazuo Itoi*. Inh.: Kuraray Co. Ltd. A. 28. 5. 68, B. 6. 12. 72. Int. Kl.: C 08g, B 01j. A.-Z.: 6835511.

JAP 7311393. Polyester mit gutem Weißgrad. Erf.: *Takaakira Tsuji*. Inh.: Kuraray Co. Ltd. A. 19. 6. 71, B. 13. 2. 73. Kl.: 26(5) D 12, 26(5) D 101.1. A.-Z.: 7144112.

JAP 7250874. Polyätherester. Erf.: *Ryoichi Hasegawa, Kiyokazu Tsunawaki* u. *Kiyoshi Nawata*. Inh.: Teijin Ltd. A. 11. 4. 67, B. 20. 12. 72. Int. Kl.: C 08g. A.-Z.: 6722970.

JAP 7303904. Komposition aus modifiziertem Polyester. Erf.: *Tsukasa Shima, Toshio Okamoto* u. *Yoshio Kimura*. Inh.: Asahi Chemical Industry Co. Ltd. A. 19. 11. 69, B. 3. 2. 73. Int. Kl.: C 08g, k, D 01f. A.-Z.: 6992084.

JAP 7304112. Polyätherester. Erf.: *Takeo Shima, Seiichi Yamashiro* u. *Hiroo Inada*. Inh.: Teijin Ltd. A. 13. 3. 70, B. 5. 2. 73. Int. Kl.: C 08g. A.-Z.: 7021410.

JAP 7345594. Polyester. Erf.: *Shiro Yokoyama* u. *Hideo Matsui*. Inh.: Teijin Ltd. A. 13. 10. 71, B. 29. 6. 73. Kl.: 26(5) D 12. A.-Z.: 7180173.

JAP 7349891. Transparente Polyester. Erf.: *Tadashi Konishi* u. *Masahi Kuno*. Inh.: Teijin Ltd. A. 26. 10. 71, B. 13. 7. 73. Kl.: 26(5) D 12. A.-Z.: 7184961.

JAP 7351994. Abtrennen aromatischer Polyestercarbonate. Erf.: *Shoji Kawase, Hiroo Inada* u. *Takeo Shima*. Inh.: Teijin Ltd. A. 30. 10. 71, B. 21. 7. 73. Kl.: 26(5) D 2. A.-Z.: 7186399.

POP 70057 (Zeitweil. Pat.). Verfahren zur Herstellung von gesättigten Polyestern zur Gewinnung von Polyurethanen. Erf.: *Ryszard Ostrysz* u. *Piotr Penczek*. Inh.: Instytut Chemii Przemyslowej, Warszawa (PO). A. 28. 12. 70, B. 28. 2. 74. Kl.: 39b5, 17/003, Int. Kl.: C 08g 17/003. A.-Z.: 145275.

POP 70466 (Zeitweil. Pat.) Verfahren zur Herstellung von Polyesterimiden. Erf.: *Piotr Penczek, Ryszard Ostrysz* u. *Anna Malinowska*. Inh.: Instytut Chemii Przemyslowej, Warszawa (PO). A. 19. 2. 70, B. 28. 2. 74. Kl.: 39b5, 17/14, Int. Kl.: C 08g 17/14. A.-Z.: 138891.

USP 3793399. Anionische Polymerisation von Lactamen in Gegenwart eines Polyäthers und einer einen Harnstoff-, Thioharnstoff- oder Guanidinrest enthaltenden Verbindung. Erf. u. Inh.: *Jozef L. M. van der Loos*. Rijksweg Z 146; u. *Peter J. M. W. Claassen*, Eisenhowerstraat 373, Sittard (NL). A. 21. 9. 71, B. 19. 2. 74. Kl.: 260-857 PG, Int. Kl.: C 08g 41/04. 2 Anspr. A.-Z.: 182520. Prior.: 23. 9. 70 (NL; A.-Z.: 7014022). Entspr. DTO 2147365 u. GBP 1298502.

SUP 419535 (Urheberschein). Verfahren zur Herstellung von Polyestern. Erf.: *V. V. Koršak, S. V. Vinogradova, V. A. Vasnev* u. *A. V. Vasil'ev*. Anm.: Institut élementoorganičeskich soedinenij AN SSSR. A. 15. 6. 72, B. 15. 3. 74. Int. Kl.: C 08g 17/06, A.-Z.: 1798744/23–5.

CSP 153765 (Urheberschein). Verfahren zur Herstellung von Gemischen aus löslichen und vernetzten hydrophilen Polymeren oder Copolymeren von Glykolmonomethacrylaten oder Glykolmonoacrylaten. Erf.: *Miroslav Štol, Vladimir Stoy* u. *Zdeněk Tuzar*. Inh.: Ustav makromolekularni chemie ČSAV, Praha. A. 14. 10. 71, B. 20. 8. 73. Kl.: 39c, 16/00. Int. Kl.: C 08g 17/00. A.-Z.: 7234/71. Entspr. DTO 2248499.

USP 3794617. Copolyesterfaser-Kompositionen mit verbesserten flammhemmenden Eigenschaften. Erf.: *Harold Eugene Mains, William Leo O'Brien, H. Fred Oehlschlaeger, Hubert Joseph Sharkey* u. *Robert Elwood Vail jr.* Inh.: Emery Industries Inc., Cincinnati, Ohio. A. 15. 3. 72, B. 26. 2. 74. Kl.: 260-47 C. Int. Kl.: C 08g 17/08. 14 Anspr. A.-Z.: 235041. Entspr. DTO 2313298 u. FRP 2176121.

DTO 2242641. Verfahren zum Extrahieren von Polylactamen. Erf.: *Ernst Kissel, Eckart Neumann, Ernst Günther, Günter Valentin* u. *Werner Hörauf*. Anm.: BASF AG, 6700 Ludwigshafen. A. 30. 8. 72, B. 11. 4. 74. Kl.: 39b5, 20/42. Int. Kl.: C 08g 20/42. A.-Z.: P 2242641.

DTO 2242642. Verfahren zum Extrahieren von Polylactamen. Erf.: *Ernst Kissel, Eckart Neumann* u. *Günter Valentin*. Anm.: BASF AG, 6700 Ludwigshafen. A. 30. 8. 72, B. 11. 4. 74. Kl.: 39b5, 20/42. Int. Kl.: C 08g 20/42. A.-Z.: P 2242642.

DTO 2248663. Aromatische Copolyamide und daraus hergestellte Fäden mit hohem Elastizitätsmodul und hoher Reißfestigkeit. Erf.: *Gerhard Wolf, Hans-Egon Künzel, Günter Blankenstein* u. *Francis Bentz*. Anm.: Bayer AG, 5090 Leverkusen. A. 4. 10. 72, B. 11. 4. 74. Kl.: 39b5, 20/20. Int. Kl.: C 08g 20/20. A.-Z.: P 2248663.

CHP 549067. Verfahren zur Herstellung linearer Polyamide. Erf.: *Mario Russo, Vincenzo Guidotti* u. *Luigi Mortillaro*. Inh.: Montecatini Edison S.p.A., Foro Buonaparte, Mailand (IT). A. 5. 8. 71. Int. Kl.: C 08g 20/20. A.-Z.: 11565/71. Prior.: 29. 10. 70 (IT; A.-Z.: 89562 A/70). Entspr. DTO 2136931 u. FRP 2112354.

CHP 549069. Verfahren zur Herstellung von in organischen Lösungsmitteln löslichen N-silylgruppenhaltigen Polymeren. Erf.: *Gerd Greber, Urs Gruber, Martin Kuhn, Dieter Lohmann* u. *Sandor Gati*. Inh.: Ciba-Geigy AG, Patentabteilung Rosental, Basel. A. 26. 2. 71. Int. Kl.: C 08g 20/38. A.-Z.: 2903/71. Entspr. DTO 2206379 u. FRP 2126429.

JAP 7251594. Pfropfcopolymerisation. Erf.: *Atsushi Tanaka* u. *Minoru Imoto*. Inh.: Teijin Ltd. A. 11. 4. 69, B. 25. 12. 72. Int. Kl.: C 08g, f. A.-Z.: 6928102.

JAP 7302431. Polyamid. Erf.: *Takanori Shinoki, Yuzo Aiod, Shigeru Kasama, Katsuhisa Watanabe, Kiyokazu Tsunawaki* u. *Kiyoshi Nawata*. Inh.: Teijin Ltd. A. 10. 4. 69, B. 24. 1. 73. Int. Kl.: C 08g, D 01f. A.-Z.: 6927818.

SUP 418493 (Urheberschein). Verfahren zur Herstellung vernetzter Polyamide. Erf.: *O. Ja. Fedotova, E. I. Nesterova* u. *V. V. Koršak*. Anm.: Moskovskij chimiko-technologičeskij institut im. D. I. Mendeleeva. A. 24. 10. 72, B. 5. 3. 74. Int. Kl.: C 08g 20/20. A.-Z.: 1840616/23–5.

DTO 2347742. Verfahren zur Herstellung hochmolekularer Polyisocyanate. Erf.: *Antonio Rabizzoni* u. *Aldo Trovati*. Anm.: Montecatini Edison S.p.A., Mailand (IT). A. 21. 9. 73, B. 4. 4. 74. Kl.: 39b5, 22/06. Int. Kl.: C 08g 22/06. A.-Z.: P 2347742. Prior.: 22. 9. 72 (IT; A.-Z.: 29524 A/72).

JAP 7220244. Polyurethan-Ledersatzstoff. Erf.: *Kaoru Okazaki, Kenkichi Yagi* u. *Yoshinori Masubuchi*. Inh.: Toray Industries, Inc. A. 19. 2. 71, B. 28. 9. 72. Kl.: 25(1) D 5, 27 E 23. A.-Z.: 717372.

USP 3798200. Polyätherurethan-Elastomeres mit verbesserter Schnittausweitung und Biegereißfestigkeit und Verfahren zu dessen Herstellung. Erf.: *Yoshio Kaneko, Tsutomu Matsunaga, Yoji Watabe* u. *Shigeyuki Toki*. Inh.: Bridgestone Tire Co. Ltd., Tokio (JA). A. 13. 12. 72, B. 19. 3. 74. Kl.: 260-77,5 AM. Int. Kl.: C 08g 22/14. 13 Anspr.: A.-Z.: 314848

POP 70298. Verfahren zur Herstellung von linearen chlorhaltigen Polyäthern. Erf.: *Tadeusz Sniezek, Edward Grzywa, Jerzy Wojciechowski* u. *Ewa Andrysiak*. Inh.: Instytut Ciezkiej Syntezy Organicznej, Blachownia Slaska (PO). A. 20. 2. 68, B. 28. 2. 74. Kl.: 39b5, 23/00. Int. Kl.: C 08g 23/00. A.-Z.: 125342.

SUP 421708 (Urheberschein). Verfahren zur Herstellung von ungesättigtem Poly-p-xylyliden. Erf.: *V. A. Smirnov, T. A. Kazinceva* u. *L. M. Danjušin*. Anm.: Novočerkasskij ordena Trudovogo Krasnogo Znameni politechničeskij institut im. Sergo Ordžonikidze. A. 28. 2. 72, B. 30. 3. 74. Int. Kl.: C 08g 33/00. A.-Z.: 1752812/23–5.

DTO 2350781. Formmassen. Erf.: *Carlo Nicora, Andrea Mattiussi* u. *Antonio Vandi*. Anm.: Montecatini Edison S.p.A., Mailand (IT). A. 10. 10. 73, B. 25. 4. 74. Kl.: 39b5, 39/02. Int. Kl.: C 08g 39/02. A.-Z.: P 2350781. Prior.: 12. 10. 72 (IT; A.-Z.: 30386 A/72).

JAP 7244023. Polyamidkomposition. Erf.: *Tomikazu Oda, Takezo Ono, Rikuo Kimura* u. *Namio Taguchi*. Inh.: Teijin Ltd. A. 9. 10. 68, B. 7. 11. 72. Int. Kl.: C 08g, k, D 01f. A.-Z.: 6874020.

JAP 7301439. Antistatische Behandlung von Polyamid. Erf.: *Akira Sakata, Naoshi Utsumi* u. *Nakaba Akahara*. Inh.: Unitika Co. Ltd. A. 6. 9. 68, B. 17. 1. 73. Int. Kl.: C 08g, k, D 01f. A.-Z.: 6864188.

JAP 7304616. Polyamidkomposition. Erf.: *Yutaka Fujita* u. *Musashi Ono*. Inh.: Teijin Ltd. A. 2. 6. 69, B. 9. 2. 73. Int. Kl.: C 08g, k, D 01f. A.-Z.: 6943105.

USP 3793289. Flammabweisende Polyamidkompositionen. Erf.: *Paul J. Koch, John B. O'Brien, Herman Stone* u. *Marvin T. Tetenbaum*. Inh.: Allied Chemical Corp., New York, N. Y. A. 13. 10. 71, B. 19. 2. 74. Kl.: 260-45,8 N. Int. Kl.: C 09k 3/28. 10 Anspr. A.-Z.: 189006. Entspr. DTO 2249271.

USP 3796771 (Zus. z. Pat. 3668274. A.-Z.: 71228. A. 10. 9. 70). Acryl-Modifikatoren für Polycarbonamide. Erf.: *H. Owens-Frederick* u. *James S. Clovis*. Inh.: Rohm & Haas Co., Philadelphia, Pa. A. 5. 6. 72, B. 12. 3. 74. Kl.: 260-857 G. Int. Kl.: C 08g 41/04. 13 Anspr. A.-Z.: 263353. A.-Z.: 71228 entspr. DTO 2144528 u. FRP 2107491.

Sektion D. Textilien und Papiere

TEXTILIEN

D 01. Natürliche und künstliche Fäden oder Fasern; Spinnen

D 01d. Mechanische Verfahren und Vorrichtungen für die Herstellung von künstlichen Fäden, Gespinsten, Fasern, Borsten oder Bändern.

CSP 154232. Verfahren und Einrichtung zur kontinuierlichen Herstellung aus Alkalicellulose. Erf. u. Inh.: *Josef Grammel*. A. 23. 6. 67, B. 20. 8. 73. Kl.: 29a, 6/06. Int. Kl.: D 01d 1/02. A.-Z.: 4639/67. Prior.: 24. 6. 66 (DL; A.-Z.: WP 12o/118324). Entspr. CHP 484204.

SUP 418574 (Urheberschein). Düsenpaket zum Erspinnen von Bikomponentenfäden aus der Schmelze. Erf.: *B. F. Tatarnikov* u. 4 weitere. A. 19. 5. 72, B. 5. 3. 74. Int. Kl.: D 01d 3/00, 5/08. A.-Z.: 1787180/28–12.

JAP 7304568. Abnehmen von Poly-ε-caproamidfäden. Erf.: *Teruo Kumashiro, Shunsuke Sasaki* u. *Nobuo Yokota*. Inh.: Teijin Ltd. A. 23. 7. 69. B. 9. 2. 73. Int. Kl.: D 01f. A.-Z.: 6958163.

JAP 7315212. Gereckte Fäden aus vernetztem synthetischem Harz. Erf.: *Tetsuo* Yamagami, *Masao Yajima, Takuo Nakahara* u. *Shiro Okada*. Inh.: Mitsubishi Chemical Industries Co. Ltd. A. 21. 11. 69, B. 12. 5. 73. Int. Kl.: D 01d. A.-Z.: 6993148.

USP 3798296. Spinnen selbstkräuselnder Verbundfasern. Erf.: *James Kellett Thomas*. Inh.: American Cyanamid Co., Stamford, Conn. A. 28. 7. 72, B. 19. 3. 74. Kl.: 264-171. Int. Kl.: B 29f 3/10. 6 Anspr. A.-Z.: 276192. Vgl. auch USP 3441575. Entspr. CHP 482773, FRP 1391479.

USP 3798297. Spinnverfahren aus Lösungen von Cellulose in Kupfer-Ammonium-Salzen und daraus hergestellten Fäden. Erf.: *Oreste Gallina*. Inh.: Bemberg S.p.A., Mailand (IT). A. 10. 9. 71, B. 19. 3. 74. Kl.: 264-181. Int. Kl.: D 01d 5/14. 12 Anspr. A.-Z.: 179415. Prior.: 22. 9. 70 (IT; A.-Z.: 30065/70). Entspr. DTO 2147078.

DTO 2246721. Verfahren und Vorrichtung zum Auflegen von Garnen auf eine Aufspulvorrichtung. Erf.: *Peter Landenberger, Georg Treutel* u. *Heinz Schüttrichkeit*. Anm.: Metallgesellschaft AG, 6000 Frankfurt. A. 22. 9. 72, B. 4. 4. 74. Kl.: 29a, 6/01. Int. Kl.: D 01d 5/06. A.-Z.: P 2246721.

D 01f. Chemische Gesichtspunkte bei der Herstellung von künstlichen Fäden, Fasern, Borsten und Bändern

JAP 7301450. Regeneratcellulosefäden mit ausgezeichneten Kräuseleigenschaften. Erf.: *Atsushi Kawai, Nagahiro Katsuyama* u. *Migaku Suzuki*. Inh.: Mitsubishi Rayon Co. Ltd. A. 24. 6. 69, B. 17. 1. 73. Int. Kl.: D 01f. A.-Z.: 6949836.

JAP 7303650. Klärung der Koagulierbadlösung aus der Herstellung von Viskosefäden. Erf.: *Jugoro Saito*. A. 3. 4. 64, B. 1. 2. 73. Int. Kl.: D 01f. A.-Z.: 6418509.

JAP 7306642. Verbundfaserstoff. Erf.: *Atsushi Kawai* u. *Migaku Suzuki*. Inh.: Mitsubishi Rayon Co. Ltd. A. 13. 2. 70, B. 28. 2. 73. Int. Kl.: D 21f, d, D 04h. A.-Z.: 7012397.

JAP 7368813. Gekräuselte Viskosefäden mit guter Naßelastizität. Erf.: *Tadao Sasakura*. Inh.: Nitto Boseki Co. Ltd. A. 25. 11. 71, B. 19. 9. 73. Kl.: 42 B 11. A.-Z.: 721776.

USP 3798298. Verfahren zur Herstellung eines Faservlieses. Erf.: *Pieter C.A. van Krimpen* u. *Victor M. B. Wetzler*. Inh.: Stamicarbon N. V., Heerlen (NL). A. 1. 2. 72, B. 19. 3. 74. Kl.: 264-210 F. Int. Kl.: D 01f 3/10. 4 Anspr. A.-Z.: 222592. Prior.: 6. 2. 71 (NL; A.-Z.: 7101603). Entspr. GBP 1336275.

JAP 7239319. Risse aufweisende Fäden. Erf.: *Toyotada Masuko* u. *Yukio Kato*. Inh.: Teijin Ltd. A. 8. 1. 69, B. 4. 10. 72. Int. Kl.: D 06m, D 01f. A.-Z.: 691818.

JAP 7239735. Synthetischer Acrylfaden mit ausgezeichneter Entglasungsbeständigkeit und Anfärbbarkeit. Erf.: *Tadashi Kato*, *Zenji Izumi* u. *Hideji Kitagawa*. Inh.: Toray Industries, Inc. A. 9. 5. 69, B. 7. 10. 72. Int. Kl.: D 01f, C 08f. A.-Z.: 6935210.

JAP 7243767. Polyamidfaserstoffe, die sich von Bis(p-aminocyclohexyl)-methan ableiten. Erf.: *Kichiro Matsuda*, *Keiji Kasai* u. *Yuhji Mitani*. Inh.: Teijin Ltd. A. 5. 6. 68, B. 6. 11. 72. Int. Kl.: D 01f. A.-Z.: 6838463.

JAP 7303907. Flammfestes Polyamid. Erf.: *Yutaka Fujita* u. *Murashi Ono*. Inh.: Teijin Ltd. A. 14. 8. 69, B. 3. 2. 73. Int. Kl.: C 08g, k, D 01f. A.-Z.: 6964294.

JAP 7309013. Naßerspinnen von Acryl- und Cellulosefäden. Erf.: *Toru Takemura*, *Migaku Suzuki* u. *Atsushi Kawai*. Inh.: Mitsubishi Rayon Co. Ltd. A. 16. 6. 71, B. 5. 2. 73. Kl.: 42 A 31. A.-Z.: 7142562.

JAP 7354214. Acrylfäden mit nichtkreisförmigem Querschnitt. Erf.: *Hiroshi Aotani*, *Hirotoshi Ajike* u. *Shuntaro Hosaka*. Inh.: Toray Industries, Inc. A. 15. 11. 71, B. 30. 7. 73. Kl.: 42 D 24, 42 A 304. A.-Z.: 7190594.

CSP 154101 (Urheberschein). Verfahren zur Erzeugung mechanisch geformter Garne aus Polyesterendlosfäden. Erf.: *Bohumil Piller*, *Vladimir Lacko*, *Ivo Růžek*, *Vladislav Bezemek* u. *Arnošt Brenner*. A. 17. 4. 68, B. 7. 12. 71. Kl.: 29b, 60. Int. Kl.: D 01f 7/04. A.-Z.: 2808/68. Entspr. DTO 1916670 u. GBP 1230342.

D 01g. Vorbehandlung der Fasern, z. B. zum Verspinnen

DTO 2248067. Verfahren zur Herstellung von Schneidflock. Erf.: *Jürgen Hesse* u. *Rolf Schaub*. Anm.: Messer Griesheim GmbH, 6000 Frankfurt. A. 30. 9. 72, B. 4. 4. 74. Kl.: 29a, 6/05. Int. Kl.: D 01g 1/00. A.-Z.: P 2248067.

D 02. Garne; mechanische Veredlung von Garnen oder Seilen; Schären oder Bäumen

D 02g. Kräuseln oder Krimpfen (Texturieren) von Fasern, Fäden, Zwirnen oder Garnen: Garne oder Zwirne

DTO 2258509. Vorrichtung zur Unterbrechung der Fortleitung des Dralls längs eines Kunststoffadens. Erf.: *Lasse Honkanen*. Anm.: Spinner Oy, Karakallio (SF). A. 29. 11. 72, B. 4. 4. 74. Kl.: 29a, 6/20. Int. Kl.: D 02g 1/02. A.-Z.: P 2258509. Prior.: 19. 9. 72 (SF; A.-Z.: 2572/72).

CHP 549108. Falschzwirnverfahren. Erf.: *Hazime Hino*, *Nobuji Asaka*, *Masuo Tsuge*, *Sadao Tsuda* u. *Naoki Arai*. Inh.: Teijin Ltd., No. 1, Umeda, Kita-ku, Osaka (JA). A. 24. 11. 71, B. 15. 10. 73. Int. Kl.: D 02g 1/02, 1/08. A.-Z.: 18914/71. Prior.: 24. 12. 70, 25. 12. 70 (JA; A.-Z.: 118372/70, 117552/70). Entspr. DTO 2164303, FRP 2119748 u. USP 3772873.

JAP 7304579. Acrylfasern. Erf.: *Kohichi Saito* u. *Seiichi Kimura*. Inh.: Toray Industries, Inc. A. 14. 11. 69, B. 9. 2. 73. Int. Kl.: D 02g, D 01f. A.-Z.: 6990770.

SUP 270550 (Urheberschein). Verfahren zur Herstellung synthetischer Nähfäden. Erf.: *V. I. Tomarovskij*. Anm.: Leningradskij naučno-issledovatel'skij institut tekstil'noj promyšlennosti. A. 29. 1. 68, B. 5. 3. 74. Int. Kl.: D 02g 1/00, B 05c 3/132. A.-Z.: 1212712/28 – 12.

PAPIER

D 21. Papierherstellung; Gewinnung von Cellulose bzw. Zellstoff

D 21c. Gewinnung von Cellulose durch Abscheiden nichtcelluloseartiger Substanzen von cellulosehaltigen Stoffen; Wiedergewinnung der Zellstoffablaugen; Vorrichtungen dafür

SUP 419592 (Urheberschein). Verfahren zur Herstellung eines faserartigen Halbfabrikats. Erf.: *I. S. Geles*, *A. G. Žučenko* u. *G. R. Gejzer*. Anm.: Ural'skij lesotechničeskij institut; u. Sverdlovskij naučno-issledovatel'skij institut pererabotki drevesiny. A. 31. 8. 70, B. 15. 3. 74. Int. Kl.: D 21c 3/04. A.-Z.: 1473552/23 – 4.

SUP 421724 (Urheberschein). Arbeitsorgan eines Vibro-Kochapparates. Erf.: *V. S. Aleksandrov* u. *A. I. Volkov*. Anm.: Special'noe konstruktorskoe bjuro Vsesojuznogo naučno-proizvodstvennogo ob'edinenija celljulozno-bumažnoj promýslennosti. A. 4. 7. 72, B. 30. 3. 74. Int. Kl.: D 21c 7/00. A.-Z.: 1805276/29 – 33.

D 21h. Karton, Papier: dessen Herstellung, soweit nicht durch D 21f erfaßt

JAP 7313721. Naßverfahren zur Herstellung von synthetischem Papier mit ausgezeichneter Oxydationsbeständigkeit. Erf.: *Mikio Tadaki* u. *Hironari Honda*. Inh.: Mitsubishi Rayon Co. Ltd. A. 25. 12. 70, B. 28. 4. 73. Int. Kl.: D 21f, d. A.-Z.: 70126968.

SUP 419766 (Urheberschein). Gerät zur automatischen Bestimmung der dynamischen Charakteristiken von Plasten. Erf.: *S. K. Abramov* u. *Ju. V. Efremuškin*. Anm.: Rostovskij-na-Donu institut inženerov železnodorožnogo transporta. A. 1. 3. 71, B. 15. 3. 74. Int. Kl.: G 01n 3/32. A.-Z.: 1628500/23 – 5.

Sektion G. Physik

G 01. Messen; Prüfen

G 01n. Untersuchen der chemischen oder physikalischen Eigenschaften von Stoffen

SUP 418770 (Urheberschein). Verfahren zum Erkennen von Textilfäden. Erf.: *R. F. Smirnov*, *I. Ja. Kalontarov* u. *M. Ju. Jusupov*. Anm.: Leningradskij gosudarstvennyj universitet im. A. A. Ždanova; u. Institut chimii AN Tadžikskoj SSR. A. 10. 5. 72, B. 5. 3. 74. Int. Kl.: G 01n 21/06. A.-Z.: 1783445/23 – 5.

SUP 418781 (Urheberschein). Vorrichtung zur Bestimmung der Feuchte. Erf.: *V. N. Deev*, *V. P. Klimanov*, *Z. M. Marder* u. *A. S. Plotnikov*. Anm.: Central'noe konstruktorsko-technologičeskoe bjuro Centrosojuza. A. 22. 11. 71, B. 5. 3. 74. Int. Kl.: G 01n 25/56. A.-Z.: 1716725/26 – 25.

DTO 2227006. Präparation für synthetisches Fadenmaterial. Erf.: *Wolfgang Burghardt* u. *Wilhelm Bronner*. Anm.: Farbwerke Hoechst AG vorm. Meister Lucius & Brüning, 6000 Frankfurt. A. 2. 6. 72, B. 4. 4. 74. Kl.: 42k, 50. Int. Kl.: G 01n 33/36. A.-Z.: P 2227006.

POP 70195 (Zeitweil. Pat.). Automatische Schaumaschine mit gleichzeitiger Rückführung des geprüften Garnes. Erf.: *Tadeusz Gazewski*, *Leszek Korycki*, *Krzysztof Pawlowski*, *Tadeusz Runowski* u. *Juliusz Zakrzewski*. Inh.: Centralne Laboratorium Przemyslu Welnianego, Lodz (PO). A. 8. 12. 71, B. 28. 2. 74. Kl.: 42k, 50. Int. Kl.: G 01n 33/36. A.-Z.: 152001.

Literaturschau

Auszug aus Lieferung 13 und 14/1974 der Literaturschau „Faserstoffe und Textiltechnik", zusammengestellt von der Abteilung Information und Dokumentation des Instituts für Polymerenchemie der AdW der DDR, 153 Teltow-Seehof, Kantstr. 55

I. Polymerwissenschaft

Analyse- und Untersuchungsmethoden

McQuarrie, D. A., Jamieson, R. T., Shen, M.: Berechnung der oberen und unteren Grenzen von viskoelastischen Funktionen mittels linearer Programmierung. J. macromol. Sci., B: Physics **6** (1972) 3, S. 479 – 482.

Peterlin, A., Olf, H. G.: Stationäre Strömung durch asymmetrische Membranen. J. macromol. Sci., B: Physics **6** (1972) 3, S. 571 – 582.

Podkówska, J., Salwiński, J.: Diffusion von Gasen und Dämpfen organischer Stoffe durch Polymerfolien. Polimery, Warszawa **29** (1974) 2, S. 72 – 77.

Wiff, D. R., Gehatia, M.: Bestimmung der Verteilung der relativen Molekülmasse durch Anwendung einer modifizierten Regularisierungstechnik. J. macromol. Sci., B: Physics **6** (1972) 2, S. 287 – 307.

Cooper, D. R.: Änderung der durchschnittlichen relativen Molekülmassen bei der Polykondensation. Polymer, London **15** (1974) 5, S. 326 – 328.

Schneider, I. A., Onu, A., Aelenei, N.: Auswertung von Lichtstreuungsdaten nach der Methode der kleinsten Quadrate. European Polymer J. **10** (1974) 3, S. 315 – 319.

Tobin, M. C.: Theorie der Phasenübergangskinetik mit Zusammenstoß von Wachstumszentren. I. Homogene Keimbildung. J. Polymer Sci.: Polymer Physics Ed. **12** (1974) 2, S. 399 – 406.

Hedvig, P.: Untersuchung der physikalischen (strukturellen) Alterung von festen Polymeren durch dielektrische Depolarisationsspektroskopie. J. Polymer Sci.: Polymer Symposia (1973) **42** (Teil 3) S. 1271 – 1274.

Ziabicki, A.: Theoretische Analyse der orientierten und nichtisothermen Kristallisation. I. Phänomenologische Betrachtungen. Von gleichzeitiger Orientierung oder Desorientierung begleitete isotherme Kristallisation. Colloid Polymer Sci./Kolloid-Z. u. Z. Polymere **252** (1974) 3, S. 207 – 221. (engl.).

Siggia, S., Schlueter, D.: Schmelzmethoden für die Bestimmung von schwer behandelbaren organischen Verbindungen (einschließlich Polymere). Analytical Chem. **46** (1974) 6, S. 773 – 774.

Hanebeck, N., Schmid, G.: Über den Hall-Effekt an einigen Elektrolytlösungen und Membranen. Ber. Bunsenges. physik. Chemie **78** (1974) 4, S. 325 – 331.

Kozinski, A. A., Wax, S. G.: Empfindlichkeit der Konzentrationspolarisation in Ultrafiltrationszellen gegenüber der Saugverteilung. IEC. Ind. engng. Chem./Fundamentals **13** (1974) 2, S. 158 – 159.

Green, M. E.: Geräuschspektren des Ionentransports durch eine Anionenmembran. J. physical Chem. **78** (1974) 7, S. 761 – 762.

Williamson, G. R., Cervenka, A.: Charakterisierung von Polyäthylen niederer Dichte durch Gelpermeationschromatographie. II. Untersuchungen über die Drott-Methode unter Einsatz von Fraktionen. European Polymer J. **10** (1974) 3, S. 295 – 303.

Manley, R. St. J.: Gel-Permeationschromatographie-Untersuchung über den Abbau regenerierter Cellulose durch Methanolyse. Textile Res. J. **44** (1974) 5, S. 401 – 402.

Ausgangsstoffe, Monomere und Oligomere

Přibilová, J., Pouchly, J.: Nach der Effusionsmethode bestimmter Dampfdruck einiger wenig flüchtiger Kohlenwasserstoffe. Coll. czechoslov. chem. Commun. **39** (1974) 5, S. 1118 – 1124. (engl.).

Koma, Y., Kondo, Sh., Iimura, K.: KMR-spektroskopische Untersuchung der Komplexe von Acrylnitril mit $Al(C_2H_5)_3$ oder $Al(C_2H_5)Cl_2$ in Toluol. J. Polymer Sci.: Polymer Letters Ed. **12** (1974) 3, S. 153 – 159.

Polymersynthesen

Kuvarina, N. M., Tonojan, A. O., Aleksanjan, G. G., Prut, Ė. V., Davtjan, S. P., Žarov, A. A., Rozenberg, B. A., Enikolopjan, N. S.: Gesetzmäßigkeiten der Kinetik einer unter adiabatischen Bedingungen ablaufenden radikalischen Polymerisation. Vysokomol. Soed. (Hochmol. Verbind.), Serija **A 16** (1974) 5, S. 1005 – 1018.

Lineare Polymere mit Kohlenstoffkette

Rybicky, J., Tanner, J., Funt, B. L.: Die Kinetik der Donator/Akzeptor-Komplexpolymerisation. I. Einführung und Theorie. J. macromol. Sci., A: Chemistry **6** (1972) 2, S. 223 – 239.

Chatani, Y., Tadokoro, H.: Festkörperpolymerisation und Polymerkristallisation. J. macromol. Sci., B: Physics **8** (1973) 1/2, S. 203 – 227.

Suzuki, N., Okamoto, J.: Emulsionscopolymerisation von Tetrafluoräthylen mit Propylen unter Einwirkung von während der Photolyse wäßriger H_2O_2-Lösungen entstehenden Radikalen. J. Polymer Sci.: Polymer Letters Ed. **12** (1974) 2, S. 95–99.

Pham, Quang-Tho, Millan, J.-L., Madruga, E. L.: Untersuchung der Thermodynamik der Bildung von Stereosequenzen bei der radikalischen Polymerisation von Vinylchlorid mit Hilfe der ^{13}C-KMR- und IR-Spektroskopie. Makromol. Chemie **175** (1974) 3, S. 945–952. (engl.)

Kazakevič, A. G., Žarov, A. A., Jampol'skij, I. A., Enikolopjan, N. S.: Polymerisationskinetik von Acrylamid unter hohen Drücken in Kombination mit Schubdeformation. Dokl. Akad. Nauk SSSR (Ber. Akad. Wiss. UdSSR) **215** (1974) 6, S. 1404–1406.

Lineare Polymere mit Heterokette

Tomono, T., Hasegawa, E., Tsuchida, E.: Intramolekularer Ladungsübertragungskomplex bei Mannich-Basen-Polymeren. J. Polymer Sci.: Polymer Letters Ed. **12** (1974) 3, S. 139–142.

Chodkowski, E., Ogorzałek, A., Mačkowiak, J., Stawicka, B.: Lösungspolykondensation von Isophthalyl- bzw. Terephthalylchlorid und 4,4'-Diaminodiphenylsulfon. Polimery, Warszawa **29** (1974) 2, S. 65–67.

Krumpolc, M., Bazant, V., Málek, J.: Bildung von linearen Oligomeren in der Anfangsphase der Polyveresterung von Terephthalsäure. Coll. czechoslov. chem. Commun. **39** (1974) 5, S. 1158–1168. (engl.)

Pinazzi, Ch., Esnault, J., Lescuyer, G., Villette, J.-P., Pleurdeau, A.: Synthese von sternförmigen Polymeren durch Umsetzung von Polymeren mit funktionellen ω-Gruppen mit Polyisocyanaten. Makromol. Chemie **175** (1974) 3, S. 705–714. (franz.)

Hopkins, W., Peters, R. H., Strepto, R. F. T.: Gelbildung bei Reaktionen von aliphatischen Diisocyanaten mit Triolen. Polymer, London **15** (1974) 5, S. 315–318.

Parnell, R. D., Russell, K. E.: Durch 4-Methyl-2,6-di-tert-butylphenyl verzögerte Polymerisation von Vinylacetat: Kinetische und ESR-Untersuchungen. J. Polymer Sci.: Polymer Chem. Ed. **12** (1974) 2, S. 347–356.

Epimachov, V. N., Tarnoruckij, M. M., Mišenov, Ju. M., Al'tergot, È. V.: Elektroleitfähigkeit des katalytischen Systems $Al(iso\text{-}C_4-H_9)_3$/Dimethylglyoxim bei der Synthese von Polyäthylenoxid. Ž. prikl. Chimii (Z. angew. Chemie) **47** (1974) 5, S. 1084–1089.

Kirjuchin, D. P., Barkalov, I. M., Gol'danskij, V. I. (Schreibw. i. Orig.: *Kiryukhin, D. P., Gol'danskii, V. I.*): Strahlungschemische Polymerisation von Acetaldehyd in fester Phase. European Polymer J. **10** (1974) 3, S. 309–313. (franz.)

Babaré, L. V., Gončarov, T. K., Dremin, A. N., Roščupkin, V. P.: Einfluß der Arbeitsbedingungen bei der Polymerisation von Trioxan in fester Phase auf die Konformation von Polyoxymethylenketten. Vysokomol. Soed. (Hochmol. Verbind.), Serija A **16** (1974) 5, S. 969–973.

Cyclische Polymere

Hayama, Sh., Niino, Sh.: Herstellung und Eigenschaften von Polymeren mit Diphenyleinheiten in der Kette: Synthese von löslichen substituierten Polyphenylenen. J. Polymer Sci.: Polymer Chem. Ed. **12** (1974) 2, S. 357–374.

Braun, D., Meier, B.: Stabile Polyphenoxyle. 2. Polymerisationsverhalten von Monomeren mit sterisch behinderter, freier oder geschützter phenolischer Hydroxylgruppe. Makromol. Chemie **175** (1974) 3, S. 791–810.

Polymermischungen und -kompositionen

Polymeranaloge Reaktionen

Rowland, St. P., Roberts, E. J., French, A. D.: Zugänglichkeit und Verteilung von Hydroxylgruppen an Oberflächen von kristalliner Cellulose II. J. Polymer Sci.: Polymer Chem. Ed. **12** (1974) 2, S. 445–454.

Neyer, J. M., Riess, G.: Addition von Diäthylaluminiumhydrid an Copolymere mit Nitrilgruppen. European Polymer J. **10** (1974) 3, S. 255–260.

Abbaureaktionen

Millan, J., Carranza, M., Guzman, J.: Beziehung zwischen thermischem Abbau und der Taktizität von PVC. J. Polymer Sci.: Polymer Symposia (1973) 42 (Teil 3) S. 1411–1418.

Mucha, M., Kryszewski, M.: Thermogravimetrische Untersuchung des Abbaus von Polymergemischen. J. Polymer Sci.: Polymer Symposia (1973) 42 (Teil 3) S. 1313–1320.

Luetzow, A. E., Theander, O.: 6-Aldehydocellulosen — thermische Unbeständigkeit, β-Eliminierung mit Säurehydrolyse. Svensk Papperstidn. **77** (1974) 9, S. 312–318. (engl.)

Koršak, V. V., Pavlova, S. A., Gamzazade, A. I., Rodè, V. V.: Veränderung der relativen Molekülmasse-Kriterien während der Thermolyse von aliphatischen Polyestern. Dokl. Akad. Nauk SSSR (Ber. Akad. Wiss. UdSSR) **216** (1974) 1, S. 126–128.

Nepočatych, V. I., Bokova, S. K., Olejnik, L. V., Čemeris, N. P.: Einfluß stabilisierender Zusätze auf die Beständigkeit von Formaldehyd-Copolymeren gegenüber UV-Strahlen. Chim. Volokna, Moskva (Chemiefaserstoffe) (1974) 3, S. 73.

Vinogradova, S. V., Salazkin, S. N., Choruženko, L. N., Kul'kov, A. A., Koršak, V. V.: Über den Einfluß von Verunreinigungen in Dimethylformamid auf die Spaltung der Estergruppe. Ž. vsesojuz. chim. Obšč. Mendeleeva (Z. chem. Allunions-Mendelejew-Ges.) **19** (1974) 3, S. 357 bis 358.

Physik und physikalische Chemie von Polymeren

Cohen, R. E., Tschoegl, N. W.: Dynamisch-mechanische Eigenschaften von Blockcopolymermischungen. Untersuchung des Einflusses der Endketten in Elastomermaterialien. 3. Mathematisches Modell für das Abgleiten von Kettenverschlingungen. Internat. J. polymeric Materials **3** (1974) 1, S. 3–22.

Wilkes, Ch. E., Lehr, M. H.: Nachweis von geordneten Molekülaggregaten bei Poly-4-methylpenten-1 in amorphem und geschmolzenem Zustand. J. macromol. Sci., B: Physics **7** (1973) 2, S. 225–230.

Tino, J., Plaček, J., Pavlinec, J.: ESR-Untersuchung des mechanischen Abbaus von Methylmethacrylat-Maleinsäureanhydrid-Copolymeren. European Polymer J. **10** (1974) 3, S. 291–294.

Blundell, D. J., Keller, A.: Durch Oberflächendekoration sichtbar gemachte Oberflächenstruktur von Polyäthylenkristallen. II. Elektronenmikroskopische Bestimmung beweglicher Oberflächenbereiche. III. Ursache der beweglichen Oberflächenbereiche. J. macromol. Sci., B: Physics **7** (1973) 2, S. 253–261, 263–277.

Makaruk, L., Daniewska, I., Góźdź, B.: Einfluß von einem ein „schlechtes" Lösungsmittel darstellenden Weichmacher auf die Eigenschaften von Cellulosederivaten. Polimery, Warszawa **29** (1974) 2, S. 87–88.

Polymere Festkörper

Kvačev, Ju. P., Papkov, V. S., Levin, V. Ju., Makarova, N. N., Slonimskij, G. L., Ždanov, A. A., Andrianov, K. A.: Über den Verformungscharakter von starrkettigen Polymeren. Dokl. Akad. Nauk SSSR (Ber. Akad. Wiss. UdSSR) **215** (1974) 6, S. 1373–1375.

Nakamura, K., Imada, K., Takayanagi, M.: Untersuchung der Extrusion von Polymermaterial im festen Zustand mit Hilfe der druckabhängigen Yield-Kriterien. Internat. J. polymeric Materials **3** (1974) 1, S. 23–28.

Takayanagi, M., Kajiyama, T.: Strukturfaktoren bei der Deformation von kristallinen Polymeren. J. macromol. Sci., B: Physics **8** (1973) 1/2, S. 1–27.

Smith, F. S., Steward, R. D.: Die Kristallisation von orientiertem Polyäthylenterephthalat. Polymer, London **15** (1974) 5, S. 283–286.

Desai, A., Wilkes, G. L.: Morphologische Untersuchungen über die lösungsmittelinduzierte Kristallisation von Polyäthylenterephthalat. J. Polymer Sci.: Polymer Letters Ed. **12** (1974) 3, S. 113–119.

Koenig, J. L., Itoga, M.: IR-Untersuchung der Kettenfaltung in einachsig orientiertem Polyhexamethylenadipinsäureamid. J. macromol. Sci., B: Physics **6** (1972) 2, S. 309–326.

Monobe, K., Yokoyama, F.: Molekülassoziationskomplex von Harnstoff mit Polyäthylen. Morphologie des Harnstoff/Polyäthylen-Komplexes und aus diesem Komplex erhaltene Polyäthylenkristalle. J. macromol. Sci., B: Physics **8** (1973) 1/2, S. 277–293.

Kolesov, S. N., Balaban, N. P., Kil'deev, I. A., Kolesov, I. S.: Einfluß der thermischen Behandlung auf die physikochemischen Eigenschaften von Polyäthylen. Plast. Massy, Moskva (Plast. Massen) (1974) 5, S. 46–47.

Kantor, L. A., Firsov, A. I.: Einfluß von Tensiden auf die Rißfestigkeit von Polyäthylen hoher Dichte. Plast. Massy, Moskva (Plast. Massen) (1974) 5, S. 42–43.

Gribov, L. A., Rybal'čenko, I. V., Zubkova, O. B., Kondratov, O. I.: Berechnung der spektralen Verteilung der Absorptionskoeffizienten im Schwingungsspektrum eines Polyäthylen-Kristalls. Dokl. Akad. Nauk SSSR (Ber. Akad. Wiss. UdSSR) **216** (1974) 1, S. 59–62.

Salazkin, S. N., Vinogradova, S. V., Koršak, V. V.: Einige Besonderheiten der Löslichkeit und der Kristallisation von Carbopolyarylaten, die zur Bildung von Wasserstoffbrücken fähig sind. Ž. vsesojuz. chim. Obšč. Mendeleeva (Z. chem. Allunions-Mendelejew-Ges.) **19** (1974) 3, S. 355–356.

Atkins, E. D. T., Isaac, D. H., Nieduszynski, I. A., Phelps, C. F., Sheehan, J. K.: Die Polyuronide: ihr Molekülbau. Polymer, London **15** (1974) 5, S. 263–271.

Polymerschmelzen

Buchgalter, V. I.: Untersuchung der Temperaturabhängigkeit der Viskosität von Polymerschmelzen. Plast. Massy, Moskva (Plast. Massen) (1974) 5, S. 31–32.

Gall, M. J.: Einfluß der relativen Molekülmasse auf die Morphologie von schmelzekristallisiertem PTFE und dem Auftreten von Kristallisation mit reihenweiser Keimbildung. Polymer, London **15** (1974) 5, S. 272–276.

Polymerlösungen und -dispersionen

Jorleva, M. M. (Schreibw. i. Orig.: *Jowlewa, M. M.*): Strukturbildung während der Ausfällung von fadenbildenden Polymeren. Polimery, Warszawa **29** (1974) 2, S. 68–70.

Lemaire, B., Fourche, G., Sanchez, E.: Ausgeschlossener Volumen-Effekt für verschiedene Kettenmodelle. I. Anwendung auf die optische Anisotropie und den End-zu-End-Abstand von linearen Polymeren. J. Polymer Sci.: Polymer Physics Ed. **12** (1974) 2, S. 417–428.

v. d. Klink, J. J., Schriever, J., Leyte, J.: Kernmagnetische Relaxation des Lösungsmittels in Polysäurelösungen. Ber. Bunsenges. physik. Chemie **78** (1974) 4, S. 369–374. (engl.)

Načinkin, O. I., Ruban, I. G., Pozdnjakova, D. Ju., Iovleva, M. M., Papkov, S. P.: Phasenumwandlungen im System: Polyesterurethan/Dimethylformamid/Wasser. Chim. Volokna, Moskva (Chemiefaserstoffe) (1974) 3, S. 74–75.

Efremova, A. N., Kartašova, O. A., Razumichina, N. S.: Adsorption einiger hochmolekularer Elektrolyte aus wäßrigen Lösungen an Nickelpulver. Kolloid. Ž., Moskva **36** (1974) 3, S. 553–555.

Teramachi, Sh., Tomioka, H., Sotokawa, M.: Phasentrennungserscheinungen von Copolymerlösungen und Fraktionierung von Copolymeren nach der chemischen Zusammensetzung. J. macromol. Sci., A: Chemistry **6** (1972) 1, S. 97–107.

Greenhow, E. J., Loo, L. H.: Ionische Polymerisation als Mittel zur Endpunktanzeige bei der nichtwäßrigen thermometrischen Titrimetrie. Teil VI. Die Bestimmung von Thiolen. Analyst **99** (1974) 1179, S. 360–366.

Yamaura, K., Ide, K., Matsuzawa, S.: Mechanische Denaturierung von Hochpolymeren in Lösungen. XXIX. Spannungsinduzierte Kristallisation von Polyvinylalkohol aus wäßriger Lösung unter stationärer Strömung. J. macromol. Sci., B: Physics **7** (1973) 2, S. 359–374.

Papisov, I. M., Baranovskij, V. Ju., Sergieva, E. I., Antipina, A. D., Kabanov, V. A.: Thermodynamik der Bildung von Komplexen zwischen Polymethacryl- bzw. Polyacrylsäure und Polyäthylenglykolen. Berechnung der Zersetzungstemperatur von Oligomer-Matrix-Komplexen. Vysokomol. Soed. (Hochmol. Verbind.), Serija A **16** (1974) 5, S. 1133 bis 1141.

Cowie, J. M. G., McEwen, I. J.: Niedere kritische Lösungstemperaturen von Polypropylenlösungen. J. Polymer Sci.: Polymer Physics Ed. **12** (1974) 2, S. 441–443.

Applikation von Polymeren

Rajsin, I. B., Čalych, A. E.: Einfluß der Kristallisation auf die Adhäsion im System Polymer/Polymeres. Vysokomol. Soed. (Hochmol. Verbind.) Serija A **16** (1974) 5, S. 1068–1072.

Turková, J.: Kovalent gebundene Enzyme. Chem. Listy, Praha (Chem. Bl.) **68** (1974) 5, S. 489–524.

Phillips bietet Polyphenylensulfid an. Chem. engng. News **52** (1974) 15, S. 24.

Deibig, H., Lukas, H., Reiner, R., Walch, A.: Kunststoffe in der Medizin. Teil 2. GIT. Fachz. Laboratorium **18** (1974) Sonderheft, S. 540–544, 546.

II. Faserstoffe

Naturfaserstoffe

Pflanzliche Faserstoffe

Manyś, St., Lasprzak, A., Manyś, B., Uranowicz, K.: Erweiterung der Anwendungsmöglichkeiten von Flachsfasern. Przegl. włókienn. (Textil-Rdsch.) **28** (1974) 2, S. 112–114.

De Meyere, P. A.: Jute und artverwandte Faserstoffe: Eckstein im Duell zwischen den Naturfaserstoffen und synthetischen Faserstoffen? Tex/Textilis, Gent (1974) 5, S. 24–30.

Lal, G.: Phasenumwandlungen in Baumwollcellulose während der Mercerierung. Textile Res. J. **44** (1974) 4, S. 313–314.

Tierische Faserstoffe

Feughelman, M.: Mechanische Hysteresis in Wollkeratinfasern. J. macromol. Sci., B: Physics **7** (1973) 3, S. 569–582.

Hinton, E. H., jr.: Überblick über die Kritiken der Literatur über Vernetzungsmittel und -mechanismen bei Wollkeratin. Textile Res. J. **44** (1974) 4, S. 233–292.

Masri, M. Sid, Reuter, F. W., Friedman, M.: Die Reaktionen zwischen Wolle und Metall-Kationen. Textile Res. J. **44** (1974) 4, S. 298–300.

Feughelman, M., Robinson, M. S., Rigby, B. J.: Eine Anmerkung zu gewissen intermolekularen Reaktionen bei der Alterung von Keratinfasern. Textile Res. J. **44** (1974) 4, S. 324–325.

Chemiefaserstoffe

Projekte der Ingenieurfirmen im Chemiefaser-Anlagenbau. Chemiefasern/Textil-Ind. **24/76** (1974) 6, S. 444, 446.

Chemiezellstoff

Farkaš, J., Gajdoš, J., Janči, J.: Bambus als Rohstoff für Zellstoff- und Papierindustrie. Bull. Výzkumného Úst. Pap. a Celulózy (Bull. Forsch.-Inst. Papier u. Zellstoff) **13** (1973) 1, S. 1–65.

Lindberg, B., Rosell, K.-G.: Hydrolyse und Wanderung von O-Acetylgruppen während der Darstellung von Chloritholocellulose. Svensk Papperstidn. **77** (1974) 8, S. 286–287. (engl.)

„Cellosize": Ein Polymeres mit vielen Einsatzmöglichkeiten auf dem textilen Sektor. Tex/Textilis, Gent (1974) 5, S. 45–46.

Regeneratfaserstoffe

Boyd, J.: Fortlaufende Leistungsfortschritte von Viskose und Acetat. Textile Manuf. **101** (1974) 1187, S. 25–29.

Laszkiewicz, B., Stuszczyk, H.: Schwerbrennbare Viskosefaserstoffe. Perzgl. włókienn. (Textil-Rdsch.) **28** (1974) 2, S. 92–98.

Nikonovič, C. V., Kerimova, N. G., Burchanova, N. D., Usmanov, Ch. U. (Schreibw. i. Orig.: *Nikonovich, C. V., Usmanov, Kh. U.*): Die übermolekulare Struktur von Viskosefaserstoffen und ihre Abhängigkeit von den Spinnbedingungen. J. Polymer Sci.: Polymer Symposia (1973) 42 (Teil 3), S. 1625–1637.

Semenov, A. S., Plechov, I. M., Ermakovič, N. P.: Entfernung von Gasen aus den Spinnbadsammelleitungen. Chim. Volokna, Moskva (Chemiefaserstoffe) (1974) 3, S. 58–59.

Baranova, Z. M., Kudrjavskaja, L. T., Šubina, I. A., Šor, M. E., Čančikova, O. D.: Erhöhung der Erspinngeschwindigkeit von Viskoseseide im Chemiefaserwerk Krasnojarsk. Chim. Volokna, Moskva (Chemiefaserstoffe) (1974) 3, S. 59–61.

Kaplan, V. I., Mikneričjute, N. V.: Zur Perspektive des Einsatzes von Seideu auf Basis vou Celluloseacetat. Chim. Volokna, Moskva (Chemiefaserstoffe) (1974) 3, S. 48–50.

Synthetische Faserstoffe

Polyamidfaserstoffe

Pamm, G., Hentschel, R. A.: Neue Hochleistungsfasern. Chemiefasern/Textil-Ind. **24/76** (1974) 6, S. 465–470.

Ėngel'ne, M. V., Kvaša, B. V., Fil'bert, D. V., Pakšver, A. B., Galatov, G. Ja.: Einfluß der Filtrationsbedingungen des geschmolzenen Polycaprolactams auf die Qualität von daraus ersponnenem Faserstoff. Chim. Volokna, Moskva (Chemiefaserstoffe) (1974) 3, S. 13–15.

Rudenko, L. G., Judin, A. V., Gojchman, A. Š., Kut'ina, L. V., Maribora, N. P.: Untersuchung der Strukturbesonderheiten von Faserstoff aus mit 2,2'-Bis-(p-phenylaminophenoxy)-diäthyläther stabilisiertem Polycaproamid. Chim. Volokna, Moskva (Chemiefaserstoffe) (1974) 3, S. 20–21.

Kurokawa, M., Ohtsuka, T., Kimura, Sh., Taki, F., Konishi, T.: Reckverhalten von gewalzten oder komprimierten Polyamidfäden. 1. J. Soc. Fiber Sci. Technol. Japan, Tokyo **30** (1974) 4, S. T127(29)–T135(37). (jap.; engl. Zusammenfass.)

Polyesterfaserstoffe

Wilson, M. P. W.: Schrumpfung und Kettenfaltung in gereckten Polyäthylenterephthalatfäden. Polymer, London **15** (1974) 5, S. 277–282.

Sokolova, T. S., Volochina, A. V., Mil'kova, L. P., Papkov, S. P., Kudrjavcev, G. I., Rogovina, A. A., Fajnberg, E. Z., Chudošev, I. F.: Untersuchungen auf dem Gebiet der Verfestigung von Faserstoffen auf der Basis von Poly-p-phenylenterephthalatamid. Chim. Volokna, Moskva (Chemiefaserstoffe) (1974) 3, S. 25–28.

Polyacrylnitrilfaserstoffe

Dorochina, I. S., Žarkova, M. A.: Untersuchung der Hydrolyse von mit Hydrazinhydrat strukturiertem Polyacrylnitrilfaserstoff. Chim. Volokna, Moskva (Chemiefaserstoffe) (1974) 3, S. 50–51.

Abuzjarova, R. M., Geller, A. A., Geller, B. Ė., Polovnikova, M. V.: Über die Modifizierung von Polyacrylnitrilfaserstoff mit Ammoniummolybdat. Chim. Volokna, Moskva (Chemiefaserstoffe) (1974) 3, S. 70.

Burd, E. Z., Ciperman, V. L., Pakšver, E. A. (Schreibw. i. Orig.: *Ciperman, W. L., Pakszwer, E. A.*): Schrumpfung von Bikomponentenfaserstoffen. Polimery, Warszawa **29** (1974) 2, S. 70–72.

Sonstige synthetische Faserstoffe

Marko, J.: Herstellung von modifizierten Typen von Polypropylenfaserstoff im RGW-Rahmen. Chemie a Lidé (Chemie u. Volk) (1974) 5, S. 8. In: Chem. Prům. (Chem. Ind.) Praha **24(49)** (1974) 5.

Sprague, B. S.: Beziehung zwischen Struktur, Morphologie und Eigenschaften von „harten" elastischen Faserstoffen und Filmen. J. macromol. Sci., B: Physics **8** (1973) 1/2, S. 157–187.

Kohlenstoffaserstoffe

Thorne, D. J.: Kohlenstoffasern mit hoher Reißdehnung. Nature, London **248** (1974) 5451, S. 754–756.

Konkin, A. A., Varšavskij, V. Ja.: Eigenschaften und Anwendung von Kohlenstoff-Fäden. Chim. Volokna, Moskva (Chemiefaserstoffe) (1974) 3, S. 1–7.

Šablygin, M. V., Pachomov, P. M., Temnikov, K. L., Levit, R. M.: Einfluß der Spannung auf den Pyrolyseverlauf von Regeneratcellulosefaserstoff. Chim. Volokna, Moskva (Chemiefaserstoffe) (1974) 3, S. 72.

Künstliche mineralische Faserstoffe

Kleinholz, R.: Verstärken von Kunststoffen unter besonderer Berücksichtigung der Verstärkungs- und Matrixwerkstoffe. VDI-Z. **116** (1974) 4, S. 277–285; 5, S. 386–392.

Anorganische Faserstoffe mit ungewöhnlichen Eigenschaften. Chem. engng. News **52** (1974) 18, S. 24.

III. Fäden-Herstellungstechnologien

Spinnerei. Zwirnerei

Wolf, B.: Ganzstahlgarnituren im betrieblichen Einsatz. Internat. Textil-Bull. (1974) 1, S. 11, 12, 17, 18.

Enneking, H.: Neuerungen beim Bau von Aufspulmaschinen und Kannenablagen (Aufnahmemaschinen) für synthetische Fasern. Chemiefasern/Textil-Ind. **24/76** (1974) 6, S. 470–472, 475.

Spinnereivorbereitung

Zimnicka, Z. B.: Einfluß der Kondensierungsweise von Flor und Speisungslänge auf das Bandformenverfahren bei Textima-Kämmaschine Modell 1531. Przegl. włókienn. (Textil-Rdsch.) **28** (1974) 2, S. 74–81.

Chatterjee, R., Arora, R. K.: Umfang und praktische Bedeutung der Aussortierung hochmarkiger Fasern in indischen Vliesen. Textile Res. J. **44** (1974) 4, S. 325–326.

Townend, P. P., Parr, J. S., Shaker, M. E. D.: Der Einfluß der Rauheit von Kardenzähnen auf die Kardierwirkung. J. Textile Inst. **65** (1974) 5, S. 275–277.

Spinnerei

Fortschritt durch Systemveränderung. VDI-Nachr. **28** (1974) 23, S. 2.

Raes, G., Singh, A.: Einige Beobachtungen zur Einwirkung der Drehung auf die Garndichte. Ann. sci. textiles belges **21** (1973) 4, S. 392–398.

Paul, H., Hänel, J., Reuter, H., Löser, G.: Paraffinieren von Fäden an der OE-Spinnmaschine BD 200. Textiltechnik **24** (1974) 5, S. 282–284.

Bayer, H.: Gedanken zur Wirtschaftlichkeit des Rotorspinnens in Abhängigkeit von einigen Kenngrößen. Internat. Textil-Bull. (1974) 1, S. 75–76, 81–82, 85–87.

Texturfäden

Lünenschloß, J., Kirschbaum, E.: Ein neues Verfahren zur Messung des Torsionsmomentes beim Falschdrahttexturieren mit konventionellen und Friktionsdrallelementen. Textil-Praxis internat. **29** (1974) 4, S. 434–436.

Nowell, F.: Die Anwendung von Bauschgarnen in gewebter Bekleidung. Textile Inst. Ind. **12** (1974) 5, S. 145–147.

Piller, B.: Die kontinuierliche Herstellung von Hochbauschseiden für die Maschenindustrie. Ind. textile, Paris (1974) 1032, S. 191–198.

IV. Flächengebilde-Herstellungstechnologien

Der textile Fußbodenbelag im Krankenhaus. Boden, Wand, Decke **20** (1974) 4, S. 83–84.

Materialvorbereitung

Trauter, J.: Die wichtigsten physikalischen Einflüsse beim Schlichtprozeß in ihren Auswirkungen auf das Webverhalten der Fäden. Textil-Praxis internat. **29** (1974) 4, S. 457.

Olejnikova, A. F., Luk'janov, N. P., Vlasov, P. V.: Bestimmung der Klebfähigkeit der Schlichte für Garn aus verschiedenen Fasern. Tekstil. Prom., Moskva (Textil-Ind.) **34** (1974) 2, S. 41–42.

Weberei-Technologie

Scott, M. W.: Die Wirtschaftlichkeit kurzer Lauflängen und der Musterherstellung auf modernen Webmaschinen. Textile Inst. Ind. **12** (1974) 5, S. 141–144.

Erzeugnisse der Weberei

Agapova, I. I., Vlasov, P. V., Bukser, P. T.: Optimale technologische Parameter der Webmaschine ATPR-100 bei der Verarbeitung von OE-Garn. Tekstil. Prom., Moskva (Textil-Ind.) **34** (1974) 2, S. 40–41.

Wirkerei und Strickerei. Konfektionstechnik. Sonstige Technologien

Wirkerei- und Strickerei-Technologie

Graf, F.: Zweifonturige Großrundstrickmaschinen. Textilbetrieb **92** (1974) 4, S. 38–42; 5, S. 39–43.

Erzeugnisse der Wirkerei und Strickerei

Die Drehrichtung der Rundstrickmaschinen und das Verdrehen von Jerseygestricken. Ind. textile, Paris (1974) 1032, S. 184–186.

Kruder, K.: Die Herstellung von Fransen auf Häkelgalonmaschinen. Band- u. Flechtind. **11** (1974) 2, S. 58, 62–63.

Seidel, L. E.: Herstellung von kettengewirkter Oberbekleidung. Teil 8. Textile Ind. **137** (1973) 11, S. 71, 74–75.

Konfektion

Bergmüller, R., Rausch, W.: Konstruktion „automatenfreundlicher" Kleidungsstücke. Umschau. Wiss. u. Technik **74** (1974) 11, S. 337–338.

Textilverbundstoffe

Faserverbundstoffe. Vliesstoffe

Bürger, H., Otto, G., Thiele, U.: Herstellung, Eigenschaften und Verarbeiten des Elementarfadenvliesstoffes Sualen. Textiltechnik **24** (1974) 5, S. 289–292.

Jörder, H.: Verfestigung von Faservliesen mit Hilfe von Wasserstrahlen (Spunlaced-Vliesstoffe). Allg. Vliesstoff-Rep. (1974) 4, S. 75.

Zocher, J., Reichelt, W.: Oberflächenstrukturierung mechanisch vorverfestigter Faservliese. Textil-Praxis internat. **29** (1974) 4, S. 467–468, 477–479.

Fadenverbundstoffe

Maslowski, E., Ogorzalek, A.: Einige Aspekte über Herstellung von Bodenbelägen aus Vliesstoffen direkt aus Polymeren mit Anwendung der „spunbonded“-Methode. Przegl. włókienn. (Textil-Rdsch.) **28** (1974) 2, S. 107–111.

V. Textilveredlung

Farbstoffe. Textilhilfsmittel

Komiya, Y.: Texturhilfsmittel für Gewebe aus Polyester-Texturseide. Japan Textile News (1973) 227, S. 38–43.

Bleicherei. Sonstige Vorbehandlungsverfahren der Textilveredlung

Automation beim Schlauchaufschneiden von Maschenstoffen. Textilveredlung **9** (1974) 4, S. 191–192.

Weber, H.: Beitrag des Maschinenherstellers zur Breitvorbehandlung. Textilveredlung **9** (1974) 4, S. 141–145.

Kirner, U.: Moderne Entwicklungstendenzen und Möglichkeiten in der Breitvorbehandlung. Textilveredlung **9** (1974) 4, S. 137–141.

Färberei

Fox, M. R.: Neuentwicklungen auf dem Gebiet des Ausziehfärbens von Cellulose mit Reaktivfarbstoffen. Textile Chemist Colorist **5** (1973) 9. S. 56–62.

Weigold, S., Brandt, H.: Ökonomische Kontinue-Färbemethode für Gewebe und Maschenwaren aus Cellulosefaserstoffen mit Indanthren-Farbstoffen. I. Tex/Textilis, Gent (1974) 5, S. 34–36.

Szczeciński, J.: Anwendung von Regressionsgleichungen zur Bestimmung der Anfärbegeschwindigkeit beim Färben mit Dispersionsfarbstoffen von Polyesterfaserstoffen. Przegl. włókienn. (Textil-Rdsch.) **28** (1974) 2, S. 87–92.

Vail, S. L., Arney, W. C., jr.: Reaktive Gruppen in Dimethyloldihydroxyäthylenharnstoff. Textile Res. J. **44** (1974) 5, S. 400–401.

Röhser, H.: Färben von Bändern und Gurten aus Polyesterfäden. II. Chemiefasern/Textil-Ind. **24/76** (1974) 5, S. 397–398.

von der Eltz, H.-U.: Neue Verfahrenstechniken beim Färben von Polyesterfasern. Chemiefasern/Textil-Ind. **24/76** (1974) 5, S. 380–385.

Schreiner, G.: Zur Theorie des Färbens von Polyestersubstraten in Gegenwart von Carriern. Textiltechnik **24** (1974) 5, S. 300–306.

Fiegel, J.: Streifenfreies Färben von Geweben und Maschenwaren aus Pa-Filament mit Isolan- und Telogen-Farbstoffen + Levegal MKF. Chemiefasern/Textil-Ind. **24/76** (1974) 5, S. 399–402.

Das Drawford-Spectramatic-Verfahren: Neue Struktur, Farbe und Musterung für Teppiche. Textile Ind. **138** (1974) 2, S. 94–96.

Schnepfeld, H.: Versuchsplanmethoden zur Berechnung von Färberezepturen. Textiltechnik **24** (1974) 5, S. 296–300.

Karremann, R.: Farbstoffrezept-Vorausberechnung mit dem neuen Zeiss-Rezeptiersystem. Chemiefasern/Textil-Ind. **24/76** (1974) 5, S. 402–404.

Druckerei

Schulzen, H.: Pro und contra Thermoumdruck. Textilbetrieb **92** (1974) 5, S. 44–46.

Meyer, G.: Zum Druck mit Dispersionsfarbstoffen auf Polyesterfasern. Textil-Praxis internat. **29** (1974) 4, S. 484–485.

Szczepaniak, W., Propfer, L.: Die Wirkung des Trocknens beim Fixieren von Reaktivfarbstoffen im Baumwolldruck. Magyar Textiltechnika **27** (1974) 4, S. 182–186.

Ausrüstung.

Makarskaja, V. M., Ivanova, G. V., Charcharov, A. A., Voronkov, M. G.: Einsatz von 3-Aminopropyltriäthoxysilan für die Veredlung von Textilmaterialien. Ž. prikl. Chimii (Z. angew. Chemie) **47** (1974) 5, S. 1176–1178.

Houben, H.: Ansprüche an Spannrahmen für die Maschenausrüstung. Textilveredlung **9** (1974) 4, S. 174–185.

Kranz, E.: Ausrüstung elastischer Bänder. Band- u. Flechtind. **11** (1974) 2, S. 73–74, 76, 78, 80.

Needles, H. L., Seiber, R. P., Alger, K. W.: Die in situ Bildung und Lichtempfindlichkeit von polymerischem Stilben-Fluoreszenz-Aufhellern auf Wolle. Textile Res. J. **44** (1974) 4, S. 315–319.

Dittrich, J.-J., Henning, H. J.: Filzfrei-Ausrüstung von Wolle. Umschau Wiss. u. Technik **74** (1974) 11, S. 338–339.

Herlinger, H., Einsele, U.: Flammschutzimprägnierung von Synthesefasern. Umschau Wiss. u. Technik **74** (1974) 11, S. 340.

Wäscherei. Chemische Reinigung

Wunderlich, K.: Das neue BÖWE-R-314-Programm. Chemischreinigungsmaschinen im Baukastensystem. Reiniger u. Wäscher **27** (1974) 6, S. 43–44.

VI. Werkstoffprüfung. Meß- und Prüftechnik. Standardisierung

Wrasidlo, W.: Bewegung in Poly(4,4′-oxydiphenylen)-pyromellithimid. J. macromol. Sci., B: Physics **6** (1973) 3, S. 559–570.

Materialeigenschaften und Materialfehler

Hien, N. V., Cooper, S. L., Koutsky, J. A.: Morphologie und Eigenschaften von gedrehten Polymerfaserstoffen. J. macromol. Sci., B: Physics **6** (1972) 2, S. 343–363.

Sacher, E.: Beständige innere Polarisationen in Polyäthylenterephthalatfilmen. IV. Thermisch induzierte Polarisationen. J. macromol. Sci., B: Physics **7** (1973) 2, S. 231–241.

McCracken, J. R., Chaikin, M.: Polaritätsfraktion von mit Lösungsmitteln extrahiertem Wollfett. J. Textile Inst. **65** (1974) 5, S. 261–270.

Warfield, C. L., Fickle, M. Jo: Verschleißmuster in Knaben-Jeans. Textile Chemist Colorist **5** (1973) 9, S. 39–43.

Barella, A., Vigo, J. P.: Optimale Drehungswerte von „open-end“-Garnen. 3. Teil. Abhängigkeit der Scheuerbeständigkeit von der Drehung. Invest. e Inform. Textil, Tensioactivos **17** (1974) 1, S. 27–34.

Barella, A.: Über einige Charakteristiken der mittels pneu-mechanischen Verfahren erzeugter Baumwollgarne. Magyar Textiltechnika **27** (1974) 4, S. 164–167.

Pechocová, M., Rzyman, T.: Ein Überblick über die Methoden zur Bestimmung der Eigenschaftsänderungen getemperter Polypropylenfasern. Chem. Vlákna, Svit (Chemiefaserstoffe) **24** (1974) 1, S. 13–21.

Kung, C. H.: Das Schrumpfverhalten einiger wollener Co-We-Nit-Gewirke. J. Textile Inst. **65** (1974) 5, S. 273–275.

Morton, M. I.: Festigkeitsverhalten von bestrahltem Polyamid unterhalb der Bruchgrenze. Teil III. Nomex. Textile Res. J. **44** (1974) 5, S. 332–335.

Sourady, A. S. El, Worley, S., jr., Stith, L. S.: Die relative Verteilung der Fasereigenschaften in Beziehung zu den Schwankungen der Garnfestigkeit in Upland-Baumwolle, Grossypium hirsutum L. Textile Res. J. **44** (1974) 4, S. 301–306.

Das neue ITF-Reifenmeßgerät zum Bestimmen von Feinheit und Reife der Baumwollfasern. Ind. textile, Paris (1974) 1032, S. 161–162.

Zimmermann, J.: Faktoren, die die Gebrauchsdauer von Textilien beeinflussen. Textile Manuf. **101** (1974) 1187, S. 19, 21–22.

Abhiraman, A. S.: Mechanik der Kräuselungsbildung in einem bikomponenten Fasermodell. Textile Res. J. **44** (1974) 4, S. 319–323.

Náplava, A., Stupák, A.: Analyse der Stauchkräuselung synthetischer Fasern bei oberflächlicher Behandlung. Chem. Vlákna, Svit (Chemiefaserstoffe) **14** (1974) 1, S. 7–12.

Tilajka, S.: Probleme der Bekleidungsphysiologie. Die zeitgemäße Produktenentwicklung. IV. Teil. Magyar Textiltechnika **27** (1974) 4, S. 153–156.

Meß- und Prüftechnik

Balcerzyk, E.: Quellungskinetik von Polyäthylenterephthalatfaserstoffen in Chloroform und in Methylenchlorid als empfindlicher Index der strukturellen Veränderungen infolge thermischer Verarbeitung. Przegl. włókienn. (Textil-Rdsch.) **28** (1974) 2, S. 65–66.

Barella, A.: Neue zur Qualitätskontrolle geeignete Methode der graphischen Multiparameter-Darstellung. Invest. e Inform. Textil, Tensioactivos **17** (1974) 1, S. 11–26.

Żurek, W., Szmelter, W.: Die nicht beschädigenden Untersuchungen von Textilien und die Automatisierung der Qualitätskontrolle. Przegl. włókienn. (Textil-Rdsch.) **28** (1974) 2, S. 61–64.

Netea, M.: Längenverteilung von Acrylfasern in Faserbändern für Hochbauschgarne. Chemiefasern/Textil-Ind. **24/76** (1974) 4, S. 274–275; 5, S. 365–368.

Martin, H., Vollrath, L.: Einige testilphysikalische Kenngrößen zum Charakterisieren von strahlenchemischen Modifizierungseffekten. Textiltechnik **24** (1974) 5, S. 306–309.

Frinken, K., Reiff, H.: Untersuchungen über das Verhalten und die Wirkung von Präparationen auf Polyester-Fasermaterial bei Thermofixierbedingungen. Textil-Praxis internat. **29** (1974) 3, S. 334, 338–341.

Oalin, C., Rosenberg, S., Mihai, A.: Zur Problematik der Kennzahlen der Reaktivfarbstoffe. Textil-Praxis internat. **29** (1974) 3, S. 342, 347.

Kuhn, H.: Der Einsatz von Glasfaserlichtleitern des VEB Carl Zeiss Jena in endoskopischen Geräten. Jenaer Rdsch. **18** (1974) 2, S. 135–138.

Parker, R., Slote, R. J.: Ein einfaches experimentelles Verfahren zur Bestimmung der Faden-Bruchdehnung mit erlaubtem Klemmenschlupf. J. Textile Inst. **65** (1974) 5, S. 271–272.

Jakes, K. A., Smith, B. F., Spivak, S. M.: Ein modifizierter Entzündungsversuch am Körper (Sauerstoff-Index) zur Bestimmung der Entflammbarkeit von Nähfäden. Textile Res. J. **44** (1974) 5, S. 398–399.

Menges, G., Stoll, F.: Die Lebensdauer dünner Kunststoffbeschichtungen. Umschau Wiss. u. Technik **74** (1974) 11, S. 348.

Standardisierung. Terminologie

Fitza, E.: Pflegekennzeichnung von Textilien. I. Reiniger u. Wäscher **27** (1974) 6, S. 22–24.

VII. Betriebstechnik. Ökonomie. Tagungsberichte und dgl.. Sonderfragen

Betriebstechnik

Guse, R.: Erhöhung des Ausnutzungsgrades von Computern durch geeignete Programmauswahl. Internat. Textil-Bull. (1974) 1, S. 23–24, 29, 88.

Gál, F.: Webereiunfälle in der Baumwollindustrie. Magyar Textiltechnika **27** (1974) 4, S. 187–192.

Ökonomie

Menges, G., Drink, H. M.: Aufdecken von Rationalisierungsreserven durch gezielte Schwachstellenanalyse. Kunststoff-Rdsch. **21** (1974) 4, S. 153–161.

Produktionssteigerung bei chemischen Erzeugnissen in Japan. Chem. engng. News **52** (1974) 18, S. 17.

Bobeth, W., Banke, K.-H.: Wie geht es in der Textilindustrie weiter? Technik **29** (1974) 5, S. 303–308.

Beschleunigung der Produktionszunahme von Polyesterrohstoffen. Chem. engng. News **52** (1974) 14, S. 13.

Plasteverknappung kann zu höheren Gewinnen führen. Chem. engng. News **52** (1974) 16, S. 12–15.

Große Nachfrage nach Faserstoffen, aber die Preise steigen. Chem. engng. News **52** (1974) 15, S. 5.

USA-Chemiefaserstoffübersicht. Textile Organon **45** (1974) 1/2, S. 1–12.

Zunahme der Plasteproduktion setzt sich bis 1980 fort. Chem. engng. News **52** (1974) 15, S. 7–8.

Monatsübersicht. Textile Organon **45** (1974) 3, S. 17–32.

Sonderfragen

Budewitz, Gerd: Das internationale System der Patentinformation der Mitgliedstaaten des RGW. Neuerer (1974) 5 B, S. 67–69. In: (1974) 5.

Mulitze, H.: Schutzrechtliche Aufgaben in Forschung und Entwicklung, Produktion und Außenwirtschaft gesetzlich geregelt. Neuerer (1974) 5 B, S. 72–75. In: (1974) 5.

Eggensperger, B. E.: Schutz von Mustern und Modellen gegen Nachahmung. Textilia, Milano **50** (1974) 4, S. 91–92.

Relligmann, H.: Neuordnung von Ausbildungsberufen in der Textilindustrie. II. Chemiefasern/Textil-Ind. **24/76** (1974) 5, S. 404–406, I: 4, S. 307–309.

Vinylchloriddaten wurden zurückgehalten. Chem. engng. News **52** (1974) 20, S. 16.

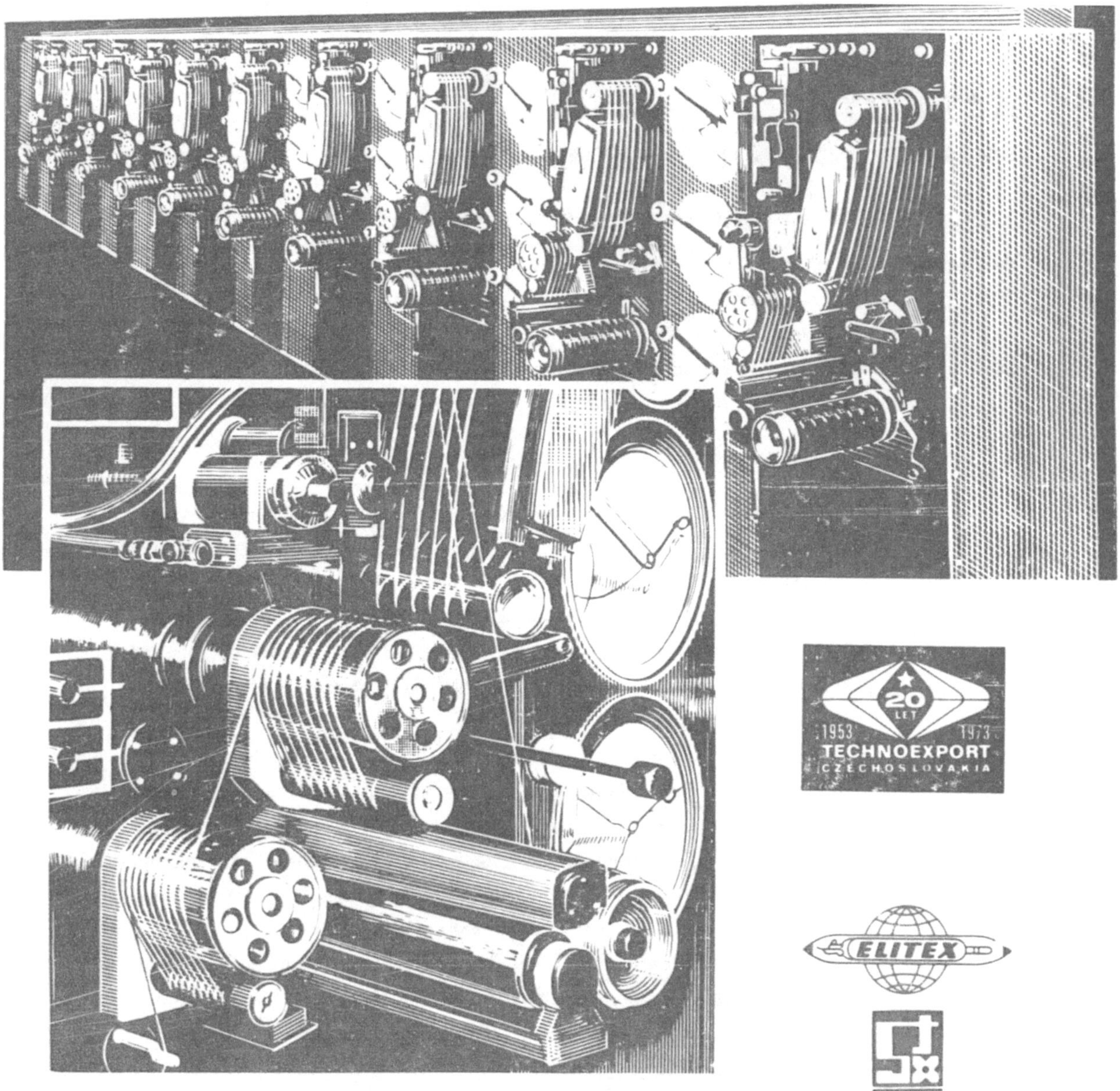

Höherer Gewinn – geringere Kosten

in der Herstellung von Kräuselbändchen durch die

KK-2 Bändchenkräuselmaschine

Die Maschine dient für die Verstreckung, Relaxation und Aufwicklung vom Polyamid- oder Polypropylänbändchen. Es handelt sich um eine Maschine in Baukastenkonstruktion. Standardmäßig hat sie zehn Arbeitsplätze.

Die Bauweise der Maschine entstand aus neuzeitlichen chemisch-technologischen und konstruktiven Erkenntnissen. Die Maschine wird je nach den Kundenanforderungen für die Verarbeitung der Polyamid- oder Polypropylänbändchen eingestellt. Die sinnvolle Konstruktion der Maschine sichert eine vollkommene Bearbeitung der gewählten Materialien. Diese Materialien sind vorwiegend für die Möbelindustrie bestimmt.

Technoexport

Aktiengesellschaft für Außenhandel
Václavské nám. 56, 113 34 Praha 1, ČSSR